藏文自动分词的理论与方法研究

ZANGWEN ZIDONG FENCI DE
LILUN YU FANGFA YANJIU

龙从军　　刘汇丹　◎著

知识产权出版社
全国百佳图书出版单位

图书在版编目（CIP）数据

藏文自动分词的理论与方法研究／龙从军，刘汇丹著.
—北京：知识产权出版社，2016.3
ISBN 978-7-5130-4104-1

Ⅰ. ①藏⋯ Ⅱ. ①龙⋯ ②刘⋯ Ⅲ. ①藏语—文字处理—研究 Ⅳ. ①TP391.1

中国版本图书馆 CIP 数据核字（2016）第 062523 号

内容简介

　　《藏文自动分词的理论与方法研究》介绍了藏文自动分词的基本理论和基本方法，是作者十来年研究藏文分词的经验总结。书中详细介绍了藏文分词单位切分的基本原则、基于词典匹配的规则分词和基于大规模文本统计分词的理论和方法以及实践过程。藏文分词研究中遇到的宏观、微观问题在书中均有体现。本书写作浅显易懂，作者以语言研究者的身份来看计算机处理语言的各种模型和算法问题，适合文科背景的、对藏文信息处理感兴趣的学生和研究者阅读。

责任编辑：纪萍萍　　　　　　　　**责任出版：孙婷婷**

藏文自动分词的理论与方法研究

龙从军　　刘汇丹　著

出版发行：**知识产权出版社**有限责任公司	网　　址：http：//www.ipph.cn
社　　址：北京市海淀区西外太平庄 55 号	邮　　编：100081
责编电话：010-82000860 转 8387	责编邮箱：jpp99@126.com
发行电话：010-82000860 转 8101/8102	发行传真：010-82000893
印　　刷：北京中献拓方科技发展有限公司	经　　销：各大网上书店、新华书店及相关专业书店
开　　本：787mm×1092mm　1/32	印　　张：8.5
版　　次：2016 年 3 月第 1 版	印　　次：2016 年 3 月第 1 次印刷
字　　数：220 千字	定　　价：35.00 元

ISBN 978-7-5130-4104-1

本书的研究工作得到以下基金的资助

中国社会科学院创新工程项目

"中国民族语言语法标注及深度研究"

国家自然科学基金重点项目（61132009）

"基于多策略的民汉机器翻译研究"

国家自然科学基金青年基金项目（61202219）

"互联网藏文文本资源挖掘及语料

抽取关键技术研究"

序

　　文本分词（word segmentation）是一个特别的概念，专指计算机处理语言文本中自动识别词的过程。为什么需要分词呢？这与语言的载义单位类型有关，也与文字类型有关。英语这类西方语言基本都是多音节词类型的语言，书写上也是每个词之间有间隔，譬如空格。而东亚语言（中国长城以南直至东南亚）几乎全都是单音节词语言，包括汉语、苗瑶语、侗台语，除了景颇语支语言和藏东南达让语、格曼语、义都语等，绝大多数藏缅语也都是典型单音节词语言，还有部分南岛语和南亚语（南亚语多数还是多音节或一个半音节），例如越南语等也是单音节词语言。长城以北或西北的蒙古语族语言、突厥语族语言、满通古斯语族语言，以及我们周边的朝鲜语/韩语、日语等则是多音节词语言。这样说似乎还会产生疑惑，现代汉语主流词汇基本都是双音节或多音节复合词，并非单音节词形式，这就与汉语的发展历史有关了。汉语是从 3000 多年前甲骨文语言继承和发展来的，那个时候的语言已经呈现为单音节词语言样貌，也就是一个音节一个词，文字写出来是一个字一个词。为此，现代汉语一个字可能是一个词，也可能是一个词的组成单位。我给研究生上语法课的时候讨论过一个歧义例句：哪些人靠运气吃饭？讨论中发现这个句子里面的"运气"引起不同类型的歧义。第一个答案是气功师，这样理解的时候，"运气"作动词（《现代汉语词典》作短语），意思是"把力气贯注到身体某一部位：他一运气，把大石头搬了起来"，英语表示为 control and transfer vital energy in the body。第二个答案表示命运，走运：好运气，坏运气，英语用 luck 表示，

1

作名词，不过汉语这个名词读音上呈轻声：yùn·qi。第三个答案一时想到的人少些，要稍微拐点弯才知道，指某些以输送燃气等气体谋生的人，例如运送煤气的卡车司机，城市煤气站的送气工人，这是一个短语。第一种和第二种答案虽然不同，书面分词的时候可以划为一个单位：哪些/A 人/N 靠/V 运气/N/V 吃饭/V（吃饭转喻生活或生存，词化作动词），第三种则切分为两个单位：哪些/A 人/N 靠/V 运/V 气/N 吃饭/V。一言以蔽之，东亚大多数语言的词书面上（包括记音文本）是没有形式上分界符的语言，分词就是来解决这个问题。

从军博士曾是我最早教学相长的研究生，是一位勤奋好学的学生，悟性很高，研究生期间主攻的专业是计算语言学，应用对象是藏语和藏文。毕业以后，他在实验室协助我的课题研究，参与了多项自然科学基金、社会科学基金和教育部信息科学项目，并在这个过程中成长为具有很强独立科研能力的科研工作者。由于从军博士藏语文底子很好，又谙熟藏语语法知识，跟我们实验室计算机背景的博士生联手合作，又到中国科学院软件研究所深造，并与汇丹博士联手，开创了很多新的研究领域，藏语分词就是他研究工作的一个重要内容。读完他的这部专论，我十分欣喜，一方面感觉藏语文计算处理还大有可为，另一方面也为青年学人的成长倍感高兴。我想这部专著的重要价值主要体现在以下几个方面：

一、清晰地阐述了藏语文本特征。文本形式来源于社会对藏语文的实际应用，是真实出现的现象。但是，由于使用者的差异，使用习惯不同，这些真实文本呈现出不同的特点。论著重点揭示了藏语文本中的黏写形式以及黏写形式对分词算法设计的影响，包括通常所说的黏着词格、紧缩词、紧缩格，涉及各种格标记、助词、连词和句终词等黏附于无后加字或者后加字为 ཨ 的音节之后的形式。作者认为这些形式形似一个新的音节字，实际却是两个词的紧缩形式，而且本质上是一种文字拼写问题。例如：ངས(ngas)我做 由 ང 和-ས（ < གིས ）两个词构成，但在书面上写为一个紧缩音节形式。作者还独立发现了藏文数字或者阿拉伯数字（年、月、日，百分比、小数）

与其后的音节之间普遍不书写分音点的现象，例如 ༢༠༡༣ལོ "2013年"，2014ལོ "2014 年"，ཟླ་བ་བཅུ་པ "第十个月"，མི་གཅིག "一个人"，ཟླ་གཅིག "一月"。作者把这类情况称为伪音节结构，因为这类黏写现象是影响分词精度最重要的原因，切分错误远远高于由未登录的命名实体和切分歧义造成的分词错误。除此之外，论著还对影响文本处理的标点符号、外来符号、行末符号、人名地名机构名等命名实体形式、分句标记及其代用形式都进行了论述，由此开展了文本预处理研究。

　　二、提出了藏语分词的原则和可行的方法。考虑到分词的实用性和可操作性，论著从总体上提出 4 项基本原则：（1）分词单元的确定，（2）概念完整性原则，（3）语法一致性原则，（4）让步性原则。论著以这些原则为指导实施了具体的操作方法，具体涉及：（1）关于黏写形式的处理，（2）动词及动词结构的处理，（3）关于 བ་དང་、པ་དང་ 等的处理，（4）关于 ལས 和 ནས 的处理，（5）关于三音动词结构的处理，（6）关于名词化标记的处理，（7）关于体标记的处理，（8）关于复数标记和敬语标记处理，（9）关于格标记的处理，（10）关于助词的处理，（11）一些特殊现象的处理。总之，论著所述这些原则和操作细则体现了作者的实用化思想，可谓逮着耗子就算好猫的具体实践。我以为，从总的原则到具体实施细则，都具有可行性，而且经过实践发现，不论在分词、标注中具有可操作性，而且在机器翻译中也比较实用。这也是我欣赏的思路和方法。另外值得提及的是，从军博士在语料组织方面不畏艰辛，为了实现统计分词方法，长时间独自手工标注了百万级的藏语语料，使得实验室的藏语分词算法处理跃上一个台阶，并为分词标注和日后的机器翻译奠定了基础。

　　三、实现了基于多种技术方法的藏语高效分词。论著以多个章节分别阐述了基于规则和基于统计的分词实践，特别是第 7、8 两章阐述了基于最大熵和条件随机场模型的分词研究，以及所达到的效率。我认为这样的具体讨论一方面阐述了不同分词算法的功效和条件，另方面也归纳出藏语分词进一步的方向。相信读者能从这里获得较大收益，得到启发。

记得我十余年前在《现代藏语的机器处理及发展之路：从组块识别透视语言自动理解的方法》一文中说过"就自然语言处理领域而言，藏语差不多还是块处女地，真正作为自然语言处理核心内容的研究和论述还很少，涉及的范围也有限"。经过这些年的努力，状况有了极大的改变，从军博士这部专著就是证明，我们从他的论著中了解了藏语文本特征，更学习到藏语文信息处理的方法。所以我要告诉读者，这是一本值得阅读的专业著作，是目前藏语文信息处理领域具有深度的学术研究著作。

是为序。

江　荻

2015 年 12 月 19 日周末　于北京

目　录

图目录

表目录

第 1 章

现代藏文文本特点

1.1　现代藏文字母、符号和编码

　　藏文相传在七世纪由大臣吞米桑布扎仿效梵文创制。藏文是一种拼音文字，共有三十个基本辅音字母，四个基本元音符号，以音节为单位书写，每个音节之间无间隔但用一个小点 （tsheg）分开。藏文书写顺序遵循从左至右，从上至下的原则。三十个辅音字母根据在音节中的位置可以分为基字、前加字、上加字、下加字、后加字和再后加字。通常所说的三十个辅音字母和四个元音符号如表 1 和表 2 所示。

表 1　藏文三个辅音字母

ཀ	ཙ	ཏ	པ	ཚ	ཞ	ར	ཧ
ka	ca	ta	pa	tsa	zha	ra	ha
ཁ	ཆ	ཐ	ཕ	ཙྪ	ཟ	ལ	ཨ
kha	cha	tha	pha	tsha	za	la	a
ག	ཇ	ད	བ	ཛ	འ	ཤ	
ga	ja	da	ba	dza	va	sha	
ང	ཉ	ན	མ	ཝ	ཡ	ས	
nga	nya	na	ma	wa	ya	sa	

表 2　藏文四个元音符号

ི	i	ུ	u	ེ	e	ོ	o

但是为了满足语言翻译或者语言发展变化的需要，辅音和元音符号在原有的基础上有所增加，增加的方式也呈现一定的规律，主要是在现有字符的基础上通过变化得到新的字符，变化方式有：

（1）反写。现有字母反写产生新的字母和字符，可以说这是最简单、经济的一种方式。不但辅音字母通过反写获得新的辅音字符，元音符号同样也采用了这种方法，如表 3 列示了利用反写新创的辅、元音字符。

表 3　反写元音字符

	辅　　音					元音
原有	ཏ	ཐ	ད	ན	ཤ	ི
	ta	tha	da	na	sha	i
新创	ཊ	ཋ	ཌ	ཎ	ཥ	ཱི
	tta	ttha	dda	nna	ssha	ii

（2）组合。如果说反写是对个体的改造，那么组合则是在个体无法改造的时候，最容易用到的一种处理方法。藏文字母、字符通过组合方式增加新的字符既包括辅音，也包括元音，但是元音组合方式选择了重叠。组合元辅音情况如表 4 所示。

表 4　组合方式新创的字符

	辅音字母						元音	
原有	ག+ཧ	ཛ+ཧ	ཌ+ཧ	ད+ཧ	བ+ཧ	ཧ+ཕ	ེ	ོ
	ga+ha	dza+ha	dda+ha	da+ha	ba+ha	ha+pha	e	o
新创	གྷ	ཛྷ	ཌྷ	དྷ	བྷ	ྷ	ཻ	ཽ
	gha	dzha	ddha	dha	bha	hpha	ee	oo

（3）添加辅助符号。辅助符号包括长音符、擦音符等，辅助符号可以添加一个或两个。表 5 所列主要是元音符号通过反写和增加辅助符号的情况。

表 5　添加辅助符号元音

	元　音					
原有	ས	ི	ུ	ི	ི	ི
	a	i	u	i	i	i
反写				ྀ	ྀ	ྀ
				.i	.i	.i
添加辅助符号	ཿ	ིྀ	ྀུ	ིྀ	ིྀ	ིྀ
	aa	ii	uu	.ii	.ii	.ii

通过上述的一些变化，最终藏文辅音字母（单个和组合）达到 41 个，元音符号（单个和组合）达到 15 个。

在现代藏文文本中除了上述辅音字母和元音符号之外，还有一些其他的符号，主要有（未全列举）：

（1）数字字符：

ࠐ（0）、ࠑ（1）、ࠒ（2）、ࠓ（3）、ࠔ（4）、ࠕ（5）、ࠖ（6）、ࠗ（7）、࠘（8）、࠙（9）、ࠚ（0.5）、ࠛ（1.5）、ࠜ（2.5）、ࠝ（3.5）、ࠞ（4.5）、ࠟ（5.5）、ࠠ（6.5）、ࠡ（7.5）、ࠢ（8.5）、ࠣ（9.5）。

（2）标点符号：

࿐ ࿑ ࿒ ࿓ ࿔ ࿕ ࿖ ࿗ ࿘ ࿙ ࿚ ༈ ༉ ༊ ་ ༌ ། ༎ ༏ ༐ ༑ ༒

（3）段落、篇章修饰符号：

ཻ ཱ ཱི ཱུ ྲྀ ཷ ླྀ ཹ ེ ཻ ོ ཽ ཾ ཿ

（4）其他符号：

࿄ ࿅ ࿇ ࿈ ࿉ ࿊ ࿋ ࿌ ࿎ ࿏ ༴ ༶ ༹ ༺ ༻

藏文字符编码国际标准不但收入了基本的字母字符、还包括组合字符和非字母字符。表 6 列示了不同版本的藏文国际编码的变化情况。

表 6　藏文国际编码更新表

藏语字符国际标准	1997 年基本集	1999 年 Unicode 3.0	2003 Unicode 4.0	2005 Unicode 4.1	2008 Unicode 5.1	2010 Unicode 6.0
字符	168	193	193	195	201	211
码位	192	256	256	256	256	256

在 1997 年国际编码基本集中确立了机内码范围是 0F00-0FBF，占用 192 个码位，168 个编码字符，空缺 24 个码位。

在 1999 年 9 月发布的 Unicode 3.0 版中，增补了部分藏文字符，共涉及 25 个字符：ཪ、ྖ、ྮ、ྯ、ྰ、ྸ、ྺ、ྻ、ྼ、྾、྿、࿀、࿁、࿂、࿃、࿄、࿅、࿆、࿇、࿈、࿉、࿊、࿋、࿌、࿏。

增加的字符一部分填补以前编码区的空白，另外还增加了部分空间，机内码从原来的 0F00-0FBF 扩充到 0F00-0FCF，本次增加后，编码范围到了 0FCC。

Unicode4.0 版中没有增加藏文字符，但是藏文编码空间进一步扩充到 0FFF 范围，共计 256 个码位。该标准还规定了藏文字丁的编码顺序与藏文字丁的书写顺序一致。

2005 年 3 月发布的 Unicode 4.1 版中又增加了两个字符，这两个符号是信函起始符 ࿐、࿑。

2008 年 3 月发布的 Unicode5.1 版本在 4.1 的基础上又增加了 6 个字符编码，分别是ཫ（0F6B）、反写ཬ（0F6C）、双音节点࿒（0FD2）、单云头符࿓（0FD3）、单云腰符࿔（0FD4）和黑白子符࿎（0FCE）。

2010 年 10 月发布的 Unicode6.0 又增加了 10 个字符，分别是ྌ（0F8C）、ྍ（0F8D）、ྎ（0F8E）、ྏ（0F8F）、࿕（0FD5）、࿖（0FD6）、࿗（0FD7）、࿘（0FD8）、࿙（0FD9）、࿚（0FDA）。

1.2　藏文字符编码与分词的关系

藏文字符编码与分词看似没有多大的关系，但是实际上由于藏文国际编码设计以及输入法与编码之间的不对应，导致了藏文文本中存在一定的同形异码的现象。对藏文文字研究者来说，相同的外观对文字研究没有太大的影响，但是对于自动分词来说，这个问题就不能忽略。计算机在处理字符时，需要利用编码信息，如果同一个形式存在不同的编码，对计算机来说就是两个不同的字符。因此编码与分词之间就产生了一定的关系。藏文文本中同形异码的现象会影响藏文分词、信息检索以及后续与文本处理相关的所有研究。为了搞清楚在真实文本中，到底存在哪些同形不同码的现象以及这些现象出现的频次，本书作者采集了主流藏文网站的页面，语料的统计信息如表 7 所示。经统计发现同形不同码的藏文字丁有 90 组，总共出现字丁次数 12571 次。由辅音字符导致的同形不同码有 15 组，由变形字符导致的同形不同码有 2 组，由输入错误导致的有 3 组，由元音导致的有 70 组。下面分别对不同类型错误进行详细分析。

表 7　藏文网站及字丁情况表

网站域名	页面数	字丁数	网站域名	页面数	字丁数
www.vtibet.com	5375	1790123	tibet.cpc.people.com.cn	13122	8978484
www.tibetology.ac.cn	19897	10935208	tibetan.qh.gov.cn	207794	87579223
www.tibetcnr.com	178016	57893704	tb.tibet.cn	78609	35051217
www.tbmgar.com	23332	4300844	tb.chinatibetnews.com	605772	288621146
www.qhtb.cn	207278	88299816	epaper.chinatibetnews.com	108479	54052366

续表

网站域名	页面数	字丁数	网站域名	页面数	字丁数
ti.tibet3.com	255097	101389556	blog.amdotibet.cn	156577	22945897
ti.gzznews.com	69036	27140411	xizang.news.cn	73977	32103339
tibet.people.com.cn	146654	60619673			

（1）由组合辅音字符导致错误，组合字符主要是 གྷ、ཧ、རྷ、ཤ。在六个辅音组合字符中 ཧ 和 ར 在统计文本中没有出现同形异码的例子。其中，གྷ 组合字符有 7 组，ཧ 组合字符有 2 组，རྷ 组合字符有 1 组，ཤ 组合字符有 5 组。如表 8 所示。

表 8　辅音字符组合导致的同形异码示例

字符	编　　码	频次	字符	编　　码	频次
གྷ	0F40 0FB5 0F7A	13	ཤ	0F57 0F71	1
ཧ	0F69 0F7A	1	ཥ	0F56 0FB7 0F71	43
ཧ	0F69 0F7C	2	ཤ	0F57 0F74	2
གྷ	0F40 0FB5 0F7C	10	ཥ	0F56 0FB7 0F74	85
གྷ	0F40 0FB5 0FA8 0F72	3	ཤ	0F57 0F72	2
ཧ	0F69 0FA8 0F72	1	ཥ	0F56 0FB7 0F72	278
ཧ	0F69 0F72	35	ཤ	0F57 0F7C	2
གྷ	0F40 0FB5 0F72	95	ཥ	0F56 0FB7 0F7C	2376
གྷ	0F40 0FB5 0F74	37	ཤ	0F57 0F7A	4
ཧ	0F69 0F74	10	ཥ	0F56 0FB7 0F7A	679
ཧ	0F69 0F72 0F7E	1	རྷ	0F51 0FB7 0F72	453
གྷ	0F40 0FB5 0F72 0F7E	3	རྷ	0F52 0F72	2

从统计数据看，最容易导致辅音字符组合同形异码的是 ཧ，有时候两种不同编码使用的频次比较接近，如ཧ(0F69+0F72)和གྷ(0F40+

0FB5+0F72）出现的次数分别是 35 次和 95 次。但是大部分情况下，其中一种的频次要远远高于另一种，如，ཥ（0F56+0FB7+0F7C）和ཥ（0F57+0F7C），分别是 2376 次和 2 次。所有的使用频次高的都是按照"最小优先法则"使用的结果，这与制作编码时组合字符作为一个整体的初衷相悖。统计结果如图 1 所示。

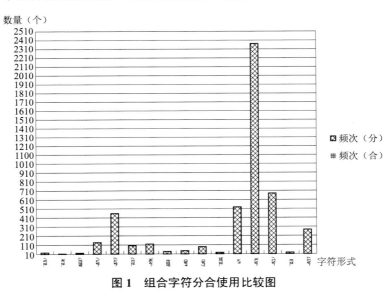

图 1　组合字符分合使用比较图

注释：频次（分）指按单字符编码组合的使用频次，频次（合）指按整体
组合字符作为一个编码的使用频次。

　　（2）由元音导致的错误。元音导致同形异码现象主要是元音字符有两套编码体系，短元音（正常）和长元音，在国际编码表中，短元音 ཨ（0F68）、ཨ（0F68+0F7C）、ཨ（0F68+0F7A）、ཨ（0F68+0F74）、ཨ（0F68+0F72)有对应的长元音形式,分别是 ཨ（0F68+0F71）、ཨ（0F68+0F7D）、ཨ（0F68+0F7B）、ཨ（0F68+0F75）、ཨ（0F68+0F73）。但是在使用中，会出现 ཨ（0F68+0FB0）、ཨ（0F68+0F7C+0F7C）、ཨ（0F68+0F7A+0F7A）、ཨ（0F68+0F71+0F74）、ཨ（0F68+0F71+0F72）的情况。ཨ（0F68+0FB0）和 ཨ（0F68+0F71）在形式上有一定的差别，出现

这种情况比较少，但在一些文本中也有，其他几个在形式上几乎没有差别，因此就会出现混用的情况。由元音字符导致的同形异码现象是最主要的，我们的统计文本中共有 70 组，如表 9 所示（部分）

表 9　由元音字符导致的同形异码例子

ཀྲྀ	0F41 0FB2 0F7C 0F7C	7	ཞྲ	0F5E 0F7B	2
ཀྲྀ	0F41 0FB2 0F7D	19	ཞྲ	0F5E 0F7A 0F7A	5
མི	0F58 0F71 0F74	16	མྱ	0F58 0FB1 0F7C 0F7C	1
མི	0F58 0F75	2	མྱ	0F58 0FB1 0F7D	3
ཤྲ	0F64 0F7B	1	བྲྀ	0F5B 0FB7 0F7A 0F7A	6
ཤྲ	0F64 0F7A 0F7A	2	བྲྀ	0F5B 0FB7 0F7B	10
ཀྱ	0F40 0FB1 0F7B	38	ཨ	0F68 0F7C 0F7C	20
ཀྱ	0F40 0FB1 0F7A 0F7A	44	ཨ	0F68 0F7D	11
ལི	0F4C 0F75	7	ཨི	0F68 0F71 0F74	4
ལི	0F4C 0F71 0F74	166	ཨི	0F68 0F75	1
དྲྀ	0F51 0FA1 0FB7 0F71 0F74	3	ཨ	0F68 0F7A 0F7A	26
དྲྀ	0F51 0FA1 0FB7 0F71	19	ཨ	0F68 0F7B	12

与辅音字符导致的同形异码情况相比，元音字符导致的同形异码更加复杂，在使用频次上倾向性不明显，如图 2 所示。

在同形异码现象中，不同的元音使用频次也有明显差别，其中 ཨི（0F68+0F71）和 ཨྲ（0F68+0FB0）没有统计数据，ཨྲ（0F68+0F73）和 ཨྲ（0F68+0F71+0F72）只出现一个例子，ཉ（0F49+0F73）1 次和 ཉ（0F49+0F71+0F72）3 次。最多的是 ཨ，共有 35 组，其次是 ཀ，共有 28 组，ལ 出现 6 组。

（3）由变形字符导致的同形异码。变形字符主要是 ར，在国际编码表中有四个与它有关，分别是 ར（0F62）、ར（0F6A）、ྲ（0FB2）、ྼ（0FBC），按照编码集规定，ར（0F6A）是针对 ར 作为 ག 的上加字符的一个专用编码，ར（0F62）是针对单字符或者上加变形字符ᷙ的

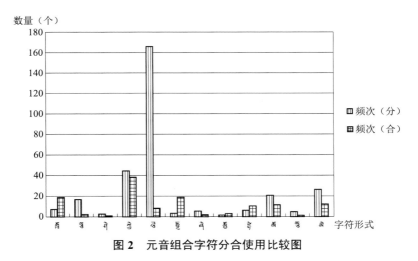

图 2 元音组合字符分合使用比较图

编码, 例如 ཪྒ (0F62+0F92)、ཪགས (0F62+0F42+0F66) 是合法的; ᰭ (0F6A+0F92) 显示不正确, ᰭགས (0F6A+0F42+0F66) 显示上看不出正确与否。用喜马拉雅输入法的结果为 ᰭ (0F62+0F92)、ᰭགས (0F62+0F42+0F66)。专用于 ᰭ 上加字的 ᰭ (0F6A) 加在 ᰭ 上的形式为 ᰭ (0F6A+0F99), 这个形式却不正确, ᰭ 的上加字使用了 ᰭ (0F62), 如 ᰭ (0F62+0F99), 喜马拉雅输入法结果为 ᰭ (0F62+0F99), 这与设计编码时的初衷不一致, 导致 ᰭ (0F6A) 闲置, 也时不时在本应该使用 ᰭ (0F62) 的地方出现。不过, 从统计的数据看, 这些现象并不明显, 如表 10 所示, 使用 ᰭ (0F6A) 的只有 3 例, 说明由变形字符 ᰭ 导致的同形异码现象不多。如表 10 所示。

表 10 变形字符同形异码统计表

ᰭ	0F62 0FAD	5617	ᰭ	0F6A 0FAD	1
ᰭ	0F62 0F71	524	ᰭ	0F6A 0F71	2

（4）由输入错误导致的同形异码

输入时导致的错误中, 一种情况是输入了错字, 如: ᰭ (0F66+

0F92+0FB1+0F74+0F74）中多了一个元音 ⸰（0F74），形式上就可以断定是一个错字；另一种情况是输入了错字，但是不管从形式上还是编码上都难以断定是否错误，主要指元音符号 ⸰、⸱，如 ꞈ（0F62+0F7C+0F7C）和 ꞈ（0F62+0F7D），只有通过上下文才能判断是否是一个错字。还有一种情况是形式上难以判断但从编码上可以判断是否错字，在我们的统计中主要出现 3 组，如表 11 所示。

表 11　输入错误同形异码统计表

ཀ	0F60 0F87	10	ཀ	0F60 0F87 0F87	5
ཀ	0F5D 0F7E	114	ཀ	0F5D 0F7E 0F7E	2
ཀ	0F54 0F7E	16	ཀ	0F54 0F7E 0F7E0F7E	1

　　这种错误是由于多输入的附加字符与原来的附加字符重叠在一起，显示上看不出来，但可以通过编码判断，从统计数字看，错误的是少数，正确的占多数。

　　藏文国际标准编码字符集自身的缺陷以及藏文输入法的设计问题共同导致了在藏文文本中出现同形异码这一现象。从整体上看，不同类型的同形异码的使用频次的高低不一致，辅音的使用频率相对高一些，元音的相对低一些；辅音组合字符倾向"取小原则"，元音字符则没有这个特点。表 12 列举了其中一种编码形式的使用频次超过 100 的例子，可见辅音组合导致的同形异码的频次高。

表 12　高频次同形异码实例

ཀ	0F4C 0F71 0F74	166	ཀ	0F4C 0F75	7
ཀ	0F51 0FB7 0F7A	134	ཀ	0F52 0F7A	1
ཀ	0F51 0FB7 0F72	453	ཀ	0F52 0F72	2
ཀ	0F42 0FB7 0F7C	115	ཀ	0F43 0F7C	1
ཀ	0F62 0FAD	5617	ཀ	0F6A 0FAD	1

ཪ	0F62 0F71	524	ཪ	0F6A 0F71	2
ྦ	0F56 0FB7 0F7C	2376	ྦ	0F57 0F7C	2
ྦ	0F56 0FB7 0F7A	679	ྦ	0F57 0F7A	4
ྦ	0F56 0F7A 0F7A	394	ྦ	0F56 0F7B	404
ྦ	0F56 0FB7 0F72	278	ྦ	0F57 0F72	2

　　对拼音文字编码时，最基本的是考虑单个字符的编码，组合字符则由多个单字符组合构成。如果标准集中既有单字符又有由这些单字符组合形成的组合字符，则给字符的输入、显示和打印带来不必要的麻烦。前文通过对真实文本统计分析，说明了同形异码现象的问题。高定国也指出，藏文部分编码字符存在歧义现象，并讨论了几种编码方案的利弊，认为组合辅音字符应该作为一个整体编码[1]，这是一种文化上的认同，但是在实际使用中，我们发现与整体编码恰恰相反，人们更倾向于使用单字符组合的方式得到组合字符。当前的藏文输入法（以喜马拉雅输入法为例），辅助键盘过多，使用者难以记住，一些符号的输入十分不便，在字符输入中，遇到组合字符时，大多数使用者不自觉地采用了以单字符组合的方式。一些受过专业训练的人则遵循编码集规定的方式输入，由此在文本中存在同形不同码的现象。藏文国际编码（unicode6.0 为例）中存在大量的组合字符，这些字符有可能在文本中出现同形不同码的问题。下面分别进行分类描述。

　　（1）元音组合字符：除了上文所谈到的文本统计中出现的元音组合字符之外，还有一些没有在文本中出现，但可能会出现的组合元音，如ྲ、ྲ等，表 13 中包括所有的可以分解的元音组合。

　　（2）辅音字符组合：辅音组合中还可能出现ྲ、ྲ、ྲ、ྲ、ྲ，表 14 列示了全部可能的辅音组合形式。

表 13　所有的组合元音分解表

字符	预组合形式	分解形式（字形）	分解形式（编码序列）	字符	预组合形式	分解形式（字形）	分解形式（编码序列）
ཱི	0F73	ི◌	0F71+0F72	ཱྀ	0F79	ྲི◌	0FB3+0F71+0F80
ཱུ	0F75	ུ◌	0F71+0F74	ཻ	0F7B	ེེ	0F7A+0F7A
ྲྀ	0F76	ྲི	0FB2+0F80	ཽ	0F7D	ོོ	0F7C+0F7C
ཷ	0F77	ྲིུ◌	0FB2+0F71+0F80	ཱྀ	0F81	ྀ◌	0F71+0F80
ླྀ	0F78	ླི◌	0FB3+0F80				

表 14　所有的辅音组合形式分解表

字符	预组合形式	分解形式（字形）	分解形式（编码序列）	字符	预组合形式	分解形式（字形）	分解形式（编码序列）
གྷ	0F43	ག྄	0F42+0FB7	ཌྷ	0F9D	ཌ྄	0F9C+0FB7
ཌྷ	0F4D	ཌ྄	0F4C+0FB7	དྷ	0FA2	ད྄	0FA1+0FB7
དྷ	0F52	ད྄	0F51+0FB7	བྷ	0FA7	བ྄	0FA6+0FB7
བྷ	0F57	བ྄	0F56+0FB7	ཛྷ	0FAC	ཛ྄	0FAB+0FB7
ཛྷ	0F5C	ཛ྄	0F5B+0FB7		0FB9	ྐ྄	0F90+0FB5
ཀྵ	0F69	ཀ྄	0F40+0FB5				

（3）标点符号组合：一部分标点符号也会导致同形异码的问题。最常见的是"ༀ"和"ༀ"，通常使用者都采用单垂线重叠方式获得双垂线和四垂线，四垂线可以是四个单垂线 ༀ（0F0D+0F0D+0F0D+0F0D）或两个双垂线 ༀ（0F0E+0F0E），尽管前文谈统计材料时没有遇到这个问题，但是我们在分词研究中遇到过这种现象。ༀ是四垂线的一种特殊形式，因为当段落或者篇章结束的最后一个字符是ཀ和ག时，四垂线变成三垂线，它本应该是一个单垂线和一个双垂线构成，但是实际文本中有 ༀ（0F0D+0F0D+0F0D）、ༀ（0F0D+

0F0E）和 ⫼（0F0E+0F0D）几种情况。如表 15 所示。

表 15　组合标点符号分解表

字符	预组合形式	分解形式（字形）	分解形式（编码序列）
⫼	0F0E	｜ ｜	0F0D+0F0D
⫼⫼	0F0E+0F0E	｜｜｜｜	0F0D+0F0D+0F0D+0F0D
⫼	0F0D+0F0E	｜｜｜	0F0D+0F0D+0F0D

（4）其他符号：其他符号包括篇章段落起始符，黑白子等，也是可以通过单字符组合的方式获得组合形式，如，ༀ（0F02）由 ཀ（0F60）、ུ（0F74）、ྂ（0F82）和 ྀ（0F7F）构成，其他组合形式分解如表 16 所示。

表 16　其他符号组合分解表

字符	预组合形式	分解形式（字形）	分解形式（编码序列）
∘∘	0F1B	∘　∘	0F1A+0F1A
××	0F1E	×　×	0F1D+0F1D
∘×	0F1F	∘　×	0F1A+0F1D
ༀ	0F02	ཀ ུ ྂ ྀ	0F60+0F74+0F82+0F7F
༃	0F03	ཀ ུ ྂ ཱ	0F60 0F74+0F82+0F14

上述例子都既有独立的编码，又可以通过单字符组合生成，由此产生潜在的同形异码现象，这些现象影响分词的准确率，也是藏文文本的一个特点。

1.3　藏文音节结构

拼音文字的音节构造方式可以分为一维和二维构造方式。英语是一维方式构造音节，辅音字母和元音字符按照从左到右的方式顺次排列。藏文音节结构不同，辅音字母和元音字符按照二维结构构造音节，即按照一定的规则从左到右和从上到下的顺序排列。如果把藏文的辅音字母和元音字符等同于汉字的偏旁部首的话，藏文音节的构造就与汉字的构字十分相似。

我们在《藏文字符研究》[2]一书中对藏文字的结构已经做过详细的论述，总共列举了 25 种藏文音节结构。但是在那本书中列举的音节结构都是符合语言学意义的音节结构，从计算机处理语言角度来看，一些两个音节通过黏写方式缩略为一个音节或者一些音译音节中的新结构未列举。在文本信息处理时，计算机按照音节点计算音节，缩略形式也被认为是一个合格的音节，但是在实际的分词研究中，缩略音节需要切分，在第 4 章中，我们将详细阐述缩略音节的切分。但是也有一些形式上的黏写就是一个单一的音节，因此这里对通过缩略或者音译产生的扩展音节结构做一些补充，主要包括如下几种：

（1）带有后基字，形式如图3 所示，例如：ལིཝི（livi）、དུཝུ（duvu）、སྤྲེཝུ（sprevu）、དུཝེ（tuve）。

图 3　带有后基字的扩展音节结构

（2）带有后基字，后基字再带后加字。形式如图 4 所示，例如：དེཝང（devang）、བཝམ（bavam）、དྲཝན（hravan）。

图 4　后基字带有后加字的音节结构

14

（3）还有一种"伪音节"结构，所谓伪音节结构是指从严格意义上讲不是一个音节，但如果计算机按照音节点区分音节时，它们又成为"名副其实"的音节。这种现象在藏文文本分词中会遇到，藏文阿拉伯数字与上下文黏着在一起构成一个"伪音节"，如：ཟླ་བ་པའི་ ཟླ་སྟོད། "zla ba 4pavi zla stod" 中 པའི་ "4pavi" 构成了"伪音节"；"པ་གསོའི་" ངལ་གསོའི་དུས་ཚོད་འཆར་ཉེར་ཡོད་ཅིང་། "ngal gsovi dus tshod vchar nyer yod cing." གསོའི་ "gsovi" 构成"伪音节"。1995ལོའི་ཟླ9པར་ （1995 lovi zla 9 par.），其中 1995 与 ལོའི་ 之间无音节点，也会导致"伪音节"。

除了数字，其他一些符号也会导致类似问题，如云头符、标点符号、从其他语言中借用的字符等，下面分别列举一些例子：

ཀྲུང་གོའི་ལོ་རྒྱུས་སྨྲ་བ་སྐུ་ཞབས་ཅན་པོ་ཙན། （1）ⱷ蕴伯赞ⱷ（2）ལགས་ཀྱིས་བརྩམས་པའི་ⱷ（3）ཀྲུང་གོའི་ལོ་རྒྱུས་སྤྱི་དོན། （4）ཞེས་པ་ལས། （5）ⱷ（6）ⱷ（7）ཤ་1ཕ་91 རང་རྒྱལ་གྱི་གནའ་བོའི་ཡིག་ཆའི་ནང་དུ་ལོ་རྒྱུས་ཀྱི་གཏམ་རྒྱུད་མང་པོ་ཞི་ཉར་ཚགས་བྱེད་ཐུབ་ཡོད་པ་དེ་དག་གིས་ཀྱང་བསྐལ་པ་ཡ་ཐོག་གི་ཀྲུང་གོའི་ལོ་རྒྱས་ཀྱི་རྣམ་པ་རགས་ཙམ་སྟོན་ཐུབ། （8）ཅེས་གསུངས་ནས།

krung govi lo rgyus smra ba sku zhabs can po tsan lags kyis brtsams pavi krung govi lo rgyus spyi don zhes pa las sha 1 pha 91 rang rgyal gyi gnav bovi yig chavi nang du lo rgyus kyi gtam rgyud mang po zhi nyar tshags byed thub yod pa de dag gis kyang bskal pa ya thog gi krung govi lo rgyas kyi rnam pa rags tsam ston thub. ces gsungs nas.

句子中的括号 ⱷ 和 ⱷ 在编号（1）-（8）位置都无音节点，导致标点符号与前后音节黏着。

1.4　藏文数字的特点

藏文中有三套数字表达系统，最基本的由藏文的辅音字母与元音符号构成的音节，相当于汉语的大写数字，藏文大写数字构成复合数词时有一套完整的构成规则，许多藏语语言学论文和教材都有论述，大写藏文数字及构造的数词在形式上完全遵循藏文普通文本，计算机处理时无须特别关注。此处不赘述，其他的数字系统是藏文小写数字（相当于阿拉伯数字）、半数字系统和阿拉伯数字系统。半数字在普通文本中很少遇到。在现代藏文文本中最常见的是藏文小写数字和阿拉伯数字，如表 17 所示。下面将对这类数字在文本中的特点略作说明。

表 17　藏文数字系统表

藏文大写数字	藏文小写数字	藏文阿拉伯半数字	直接使用阿拉伯数字
གཅིག	༡（1）	༪（0.5）	1
གཉིས	༢（2）	༫（1.5）	2
གསུམ	༣（3）	༬（2.5）	3
བཞི	༤（4）	༭（3.5）	4
ལྔ	༥（5）	༮（4.5）	5
དྲུག	༦（6）	༯（5.5）	6
བདུན	༧（7）	༰（6.5）	7
བརྒྱད	༨（8）	༱（7.5）	8
དགུ	༩（9）	༲（8.5）	9
	༠（0）	༳（9.5）	0

阿拉伯数字在现代公开出版的藏文文献、对外公开发布的藏文网页上使用比较普遍，下面这段文字取自西藏日报电子版，从这段文字可以看到，在藏文文本中混杂了阿拉伯数字，包括表示年、月、日，百分比、小数数字等。其特点是数字的结尾与下一个音节之间无音节点。

2014ལོའི 2ཚེས 20ཉིན བར གྲོས གཞི ཐག 5396ཐུབ བཙལ པ དང བསྐུབས ལ ཁཏབ པ དང དེའི ཚད ནི 99.8%ཐག རེད

"ང ཚོའི གྲོང ཚོ དགོས ཕྱུག གི སྲི སྲོལ ལས ཞབ པ མེད，ལས དེ སྒོའི རིང ཚད ལ སྒོ ལ 1.2དང ཞིབ ཚད ལ 4.5ཁུག དེ ནི ཁོའི ཁོང ཚང རི མོས དོབ ༣ ཁག ཁག དང ལས དོབ པའི རྣམ གྲངས ཀྱི ཁ ཆོག ས དང སྒོ 80.53བཀང

ཡོད་ ”ཅེས་སྒོང་ཚོར་བཅའ་སྡོད་ལས་དོན་རུ་ཁག་གི་རུ་མིས་གསར་བགོད་པར་དེ་ལྟར་ངོ་སྤྲོད་བྱས།

2014lovi zla 2tshes 20nyin bar gros gzhi khag 5396bsgrubs ba dang bsgrubs lan btab pa dang devi tshad ni 99.8%zin pa red.

"nga tshovi grong tsho de grong khyer gyi sde khul las zhan pa med, lam der spyivi ring tshad la spyi le 1.2dang zhing tshad la smi 4.5yod. de ni nga tshovi grong tshor bcav sdod las don ru khag khag dang pos bskrun pavi rnam grangs yin la. khyon ma dngul sgor khri 80.53btang yod" ces grong tshor bcav sdod las don ru khag gi ru mis gsar vgod par de ltar ngo sprod byas.

下面这段文字是藏文小写数字夹在文本中的例子。同样也有表示年、月、日，小数等数字，数字与后面音节之间无音节点。

སྤྱི་ལོ་ 2013 ལོའི་ལོ་མཇུག་བར་བོད་དུ་འཕྲིན་སྤྲེལ་དྲ་བ་སྤྱོད་མཁན་དུད་ཚང་ཁྲི་ 202.7 ཟིན་པ་ཙན་ནས་ཁྱབ་ཆོན་བཅུ་ཆ་ 6.bdun ཞིན་པ་དང་། བོད་ཀྱི་མི་འབོར་གྱི་བཅུ་ཆ་བདུན་ཙམ་ནི་དྲ་རྒྱའི་འཛམ་གླིང་གི་ཆ་ཤས་སུ་གྱུར་ཡོད། ཐའོ་པའོ་དྲ་རྒྱའི་གྲངས་གཞིའི་ཐོག་ནས་མངོན་པར་གཞིགས་ན། ན་ནིང་ “ཟླ་བཅུ་གཅིག་ཚེས་བཅུ་གཅིག་ཉིན་ ” དྲ་རྒྱའི་ཐོག་ནས་དངོས་ཟོག་ཉོ་མཁན་མང་ཤོས་སུ་བོད་ཀྱི་འཛད་སྤྱོད་པའི་གྲངས་འབོར་ཁྲི་ 4700lhag ཙམ་ལས་བརྒལ་ནས་ 2012 ལོའི་ཁྲི་ 2400 ཙམ་ལས་ཧ་ཅང་མཐོ་བ་ཡོད་པ་རེད།

spyi lo 2013 lovi lo mjug bar bod du vphrin sprel dra ba spyod mkhan dud tshang khri 202.7 zin pa dang, bod kyi mi vbor gyi bcu cha bdun tsam ni dra rgyavi vdzam gling gi cha shas su rgyur yod. thavo pavo dra rgyavi grangs gzhivi thog nas mngon par gzhigs na, na ning ¡¡ãzla bcu gcig tshes bcu gcig nyin¡¡À dra rgyavi thog nas dngos zog nyo mkhan mang shos su bod kyi vdzad spyod pavi grangs vbor khri 4700 lhag tsam las brgal nas 2012 lovi khri 2400 tsam las ha cang mtho ba yod pa red.

下面这段文字中夹入的数字稍微有些不同，即数字与前后的音节间都无音节点。

ཀྲུང་གོའི་ས་ཡོམ་དྲ་ཚིགས་ནས་དངོས་སུ་ཚོགས་འཇལ་གཏན་འཁེལ་གནང་བར། 10.16ཉིན་གྱི་སྒྲ་པོའི་ཚོགས༢འགྲིན་གྱི་ཚ་ཁད་དང་སྐར་ མ༢.4ཐོག་ བོད་རང་སྐྱོང་ལྗོངས་ནས་ཀྱ་ཁྱལ་དཔལ་མཚན་ཚོ་དྲ་ཐེར་ཤེག༦3.82／ལྡང་སྐར་གྱི་གནས་ཤེག་ ཐུབ／10.5ས་ཡོམ་རིམ་པ༥ ས་ འཁྲུལ་པ་དང་ས་ཡོམ་གྱི་གཏིང་ཚད་སྐྱེ་ 6.0ལྡན་པ་རེད།

krung govi sa yom dra tshigs nas dngos su tshad vjal gtan vkhel gnang bar. 2014 lovi spyi zla 1 povi tshes 17 nyin kyi chu tshod 1 dang skar ma 47 gyi thog, bod rang skyong ljongs nag chu sa khul dpal mgon rdzong du byang thig tuvu 31.9 dang shar gyi gzhung thig tuvu 90.5 sa yom rim pa 48 brgyab ba dang sa yom kyi gting tshad spyi li 9 yin pa red.

下面这段文字中夹入的数字特点是数字与后一个音节或者字符构成一个合格的序数词，如 ནྡ "第十个月"，这些特点对藏文文本数词切分构成了困难。

གསར་འགོད་པས་སྤྱི་ལོ་ ༢༠༡༤ ལོའི་ལྷ་སའི་འགག་སྒོའི་ལས་དོན་གྲོས་ཚོགས་ཐོག་ནས་ཤེས་རྟོགས་བྱས་པར། སྔོན་དཔག་བྱས་ན་ བོད་ལྗོངས་གཞིས་རྩེ་ས་ཁུལ་སྐྱིད་རོང་འགག་སྒོ་ད་ལོའི་ **སྤྱི་ཟླ** ༡༠ པར་དངོས་སུ་སྒོ་འབྱེད་བྱེད་རྒྱུ་ཡིན་པ་རེད། སྐྱིད་རོང་རྫོང་དེ་འགྲམ་འགག་སྒོའི་རྗེས་ཀྱི་ཉོ་ཚོང་འགག་སྒོ་གལ་ཆེན་ཞིག་དང་ རྒྱལ་སྤྱིའི་གོམ་བགྲོད་ཡུལ་སྐོར་དང་བོད་ལྗོངས་དམངས་སྲོལ་བྱེད་སྒོ། སྒེར་གྱི་རླངས་འཁོར་བཏང་ནས་ཡུལ་སྐོར་ལ་འགྲོ་ཡུལ་བཅས་ཀྱི་དམིགས་ས་གལ་ཆེན་ཞིག་ལ་འགྱུར་རྒྱུ་ཡིན་པ་རེད།

gsar vgod pas spyi lo 2014 lovi lha savi vgag sgovi las don gros tshogs thog nas shes rtogs byas par. sngon dpag byas na bod ljongs gzhis rtse sa khul skyid rong vgag sgo da lovi spyi zla 10 par dngos su sgo vbyed byed rgyu yin pa red. Skyid rong rdzong de vgram vgag sgovi rjes kyi nyo tshong vgag sgo gal chen zhig dang rgyal spyivi gom bgrod yul skor dang bod ljongs dmangs srol byed sgo. Sger gyi rlangs vkhor btang nas yul skor la vgro yul bcas kyi dmigs sa gal chen zhig la vgyur rgyu yin pa red.

1.5　藏文黏写形式的特点

所谓黏写形式，通常又称黏着词格[3]，紧缩词[4]，紧缩格[5]，主要由各种格标记、助词、连词和句终词等黏附于无后加字或者后加字为 འ 的音节之后构成。这种形式形似一个新的音节字，但却是两个词的紧缩形式，本质上是一种文字拼写问题[6]。藏语黏写形式的构成形式如下所示：

（1）词+ས (-s)（施格/工具格标记），如：ངས (ngas 我做)、རྒྱལ་པོས

（rgyal pos 国王做）；

（2）词+ འི (-vi)（属格标记），如：ངའི（ngavi 我的）、རྒྱས་ཆེ་བའི（rgyas che bavi 广大的）；

（3）词+ར (-r)（与格/位格标记），如：ངར（ngar 对我）、ང་ཚོར（nga tshor 对我们）；

（4）词+ འང/འམ (vang/vam)（连词），如：ངའང（ngavang 我也），དེའང（devang 那也）、ཆེ་བའམ（che bavam 大的和/或...）；

（5）词+ འོ (-vo)（句终词），如：བགྱིའོ（bgyivo 做）、འགྲོའོ（vgrovo 走）、བྱའོ（byavo 做）、འདུགགོ（vdugvo 有）、དགའོ（dgavo 喜欢）；

（6）数字及其他符号，如：མི 1（mi 1　一个人）、ཟླ 1 པོ（zla 1 po 一月）、1946ལོར（1946 lor 在 1946 年）、[གྲོང་རྡལ]（[grong rdal] 城镇）。

黏写形式对藏文文本处理具有重要的意义。在基于规则的藏文分词中，黏写形式是影响分词精度最重要的原因，黏写形式的切分错误远远高于由未登录的命名实体和切分歧义造成的分词错误。同时黏写形式的切分会影响命名实体的识别，因为人名、地名、组织机构名、时间、数字等可能形成黏写形式，导致命名实体无法识别与抽取。比如：

与人名形成黏写形式：ཨ་ཞང་ཚེ་དགས་མཐོང་འཕྲལ（a zhang tshe dgas mthong vphral 次噶舅舅看到后）应切分还原为：ཨ་ཞང/ཚེ་དགས/མ/མཐོང/འཕྲལ/（次噶舅舅看到后）。

与地名形成黏写形式：ཉི་མ་གསུམ་གྱི་ནང་ལ་ལྷ་སར་གཟིགས་སྐོར་གནང་གྲུབ་ཀྱི་རེད（nyi ma gsum gyi nang la lha sar gzigs skor gnang grub kyi red. 三天之内拉萨内参观完毕），其中 ལྷ་སར（lha sar）要切分为 ལྷ་ས/ར（lha sa/r）。

与时间形成黏写形式：ཚེས 11 ཉིན་གྱི་དགོང་མོའི་ཆུ་ཚོད 8 པར（tshes 11 nyin gyi dgong movi chu tshod 8 par 11 日晚上 8 点钟），其中 པར（par）要切分 པ/ར（pa/r），而 8 要和 པ（pa）组合成 8པ（8pa），才是一个合格的数字，表示序数词第八。

1.6 藏文标点符号的特点

标点符号是文本的重要组成部分，它是标明句读和语气的一种符号。根据国家技术监督局 1995 年颁布的《标点符号用法》中界定[7]，标点符号是辅助文字记录语言的符号，是书面语的有机组成部分，用来表示停顿、语气以及词语的性质和作用。汉语的标点符号比较丰富，常用的标点符号有 16 种，可以分为点号和标号两个大类，点号的作用在于点断，主要表示说话时的停顿和语气，点号又分为句末点号和句内点号，句末点号用在句末，有句号、问号、叹号 3 种，表示句末停顿，同时表示句子的语气；句内点号用在句内，有逗号、顿号、分号、冒号 4 种，表示句内的各种不同性质的停顿，标号的作用在于标明，主要标明语句的性质和作用，常用的标号有 9 种，即：引号、括号、破折号、省略号、着重号、连接号、间隔号、书名号和专名号。汉语的标点符号十分丰富，在普通文本中标点符号所占的比例比较高，根据俞士汶[8]与靳光瑾[9]分别对不同语料的统计结果看，标点符号在所统计的文本中都位居第三，排在普通名词和普通动词之后。人们对标点符号的认识局限于语言学、修辞学等研究范围内。但是自有了计算机处理语言文本开始，标点符号对于自然语言处理的功能远远超过了它们表达"停顿、语气以及词语的性质"的功能。丁俊苗从中文信息处理的角度论述了汉语标点符号的重要地位，认为标点符号既是中文信息处理的对象，也是计算机识别的重要形式标志[10]。

在藏文创制之初，就制定了一些标点符号，在一些文法典籍中提出"七重标记"又称"七种标记"，分别是分字标 ཚེག་གི་རྒྱ།（tsheg gi rgya），即分音点，句标 ཤད་རྒྱ།（shad rgya），即单垂符，章节标 ལེའུའི་རྒྱ།（levuvi rgya），即双垂符，卷帙标 བམ་པོའི་རྒྱ།（bam povi rgya），即四垂符，卷数标 བམ་གྲངས་ཀྱི་རྒྱ།（bam grang kyi rgya），即卷次顺序标号，边框标 སྣེ་ཐིག་གི་རྒྱ།（sne thig gi rgya），即边框版心设计，帙签标 གདོང་ཡིག་གི་རྒྱ།（gdong yig gi rgya），

即函头标记[11]。这些标点在现代藏文文本中仍然使用，从功能上看，藏文句内点号缺乏，尽管单垂线在现代文本中广泛用于句内点号，但由于形式上与句末一致，缺乏区分，不利于计算机处理。

除了使用标点符号表示句内、句间、段落、篇章的起始之外，藏文文本中还可以使用藏文字母构成的音节来表示这些功能，常见的音节形式[12]有：

句末音节，相当于句号的有：ཀོ（go）、ངོ（ngo）、དོ（do）、ནོ（no）、བོ（bo）、མོ（mo）、འོ（vo）、རོ（ro）、ལོ（lo）、སོ（so）、ཏོ（to）；

句末音节，相当于问号的有：གམ（gam）、ངམ（ngam）、དམ（dam）、ནམ（nam）、བམ（bam）、མམ（mam）、འམ（vam）、རམ（ram）、ལམ（lam）、སམ（sam）、ཏམ（tam）；

句中音节，相当于逗号、冒号的有：ནས（nas）、སྟེ（ste）、དེ（de）、ཏེ（te）、གིས（gis）、ཀྱིས（kyis）、གྱིས（gyis）、ཡིས（yis）、འིས（vis）；

句末音节，相当于叹号的有：ཅིག（cig）、ཞིག（zhig）、ཤིག（shig）。

这些以藏文音节形式呈现的标点由于与文本中的词或语素同形，要想把它们作为标点符号的功能识别出来，也是一件不容易的事，这项研究形成了藏文文本句识别研究的主要内容，但是它们基本上不影响分词。本书对句识别问题不加论述。

除了这些传统的藏文标点之外，现代藏文文本中又引入了一些新的标点形式，主要从其他语言（汉语）中直接借用的标点，包括，单双引号、书名号、双括号等。下面的例子是藏文书面文本中标点符号使用的情况。

（1）རང་སྐྱོང་ལྗོངས་ཏང་ཨུད་ཀྱི་ཧྲུའུ་ཅི་གཞོན་པ་རང་སྐྱོང་ལྗོངས་ཀྱི་གྲུའུ་ཞི་བློ་བཟང་རྒྱལ་མཚན་དང་[1] ཀྲུང་དབྱང་སྐོར་སྐྱོད་ལྟ་སྐུལ་མཛུབ་ཁྲིད་ཚོགས་ཆུང་བཅུ་བའི་ཚུའུ་ཀྲང་གཞོན་པ་ལི་ཡིའུ་ཚའེ།　　[2]ལྗོངས་ཏང་ཨུད་ཀྱི་རྒྱུན་ལས་ཧྲུའུ་ཅི་གཞོན་པ་ཝུའུ་དབྱིང་ཅེ་སོགས་བོད་སྐྱོང་ཡན་ལག་ཚོགས་པའི་ཚོགས་འདུར་ཞུགས་པ་རེད།[3]

rang skyong ljong tang ud kyi hruvu ci gzhon pa rang skyong ljong kyi gruvu zhi blo bzang rgyal mtshan dang, krung dbyang skor skyod lta skul mdzub khrid tshogs chung bcu bavi tsuvu krang gzhon pa li yivu tshave. Ljong tang ud kyi rgyun las hruvu ci gzhon pa wuvu dbying ce sogs bod ljongs yan lag tshogs ravi tshogs vdur zhugs pa red.

文本中的数字标号[1][2]所在的位置单垂线表示逗号，数字标号[3]所在的位置单垂线表示句号。值得注意的是，在普通文本中标点符号垂线之后还会有一个空格。根据藏文书写规则，还有两个特点值得注意：一是在字符 ང 结尾的音节之后的单垂线前要加分音点，其他字符结尾的单垂线之前不加，二是以 ཀ、ག 两个字符结尾的音节之后单垂线需要省略，只以空格间隔。如（2）中数字标号[1]所在的位置。

（2）རིམ་ཁ་སློབ་གྲྭའི་འགོ་ཁྲིད་ཚན་ཁག་གིས་སློབ་གསོ་ལག་ལེན་བྱེད་སྒོ་ཁག་གཉིས་པའི་བླང་བྱ་ལྟར་རྒྱ་ཆེའི་དགེ་རྒན་དང་། སློབ་མའི་ཁྱིམ་བདག[1] སྤྱི་ཚོགས་ལས་རིགས་ཁག་བཅས་ཀྱི་ལྟ་སྐུལ་དང་ལེན་ཞུས་ནས་རང་འགུལ་ངང་རང་ཉིད་བྱེད་སྒོ་དེའི་ནང་ཞུགས་ཏེ་སྤྱོད་ཚུལ་གྱི་གནད་དོན་བཙལ་འཚོལ་གཏིང་ཟབ་བྱས་ནས་སློབ་གཉེར་ཆུ་ཚད་སྔར་བས་མཐོ་རུ་གཏོང་དགོས་པ་དང་།

rim kha slob grwavi vgo khrid tshan khag gis slob gso lag len byed sgo khag gnyis pavi blang bya ltar rgya chevi dge rgan dang . slob mavi khyim bdag. spyi tshogs las rigs khag bcas kyi lta skul dang len zhus nas rang vgul ngang rang nyid byed sgo devi nang zhugs te spyod tshul gyi gnad don btsal vtshol gting zab byas nas slob gnyer chu tshad sngar bas mtho ru gtong dgos pa dang.

（3）ལྷ་ས་གྲོང་ཁྱེར་སློབ་འབྲིང་དང་པོར་བསྐྱོད་སྐབས[1]"སློབ་གྲྭའི་ཏང་ཀྲི་ཕུའུ་ཡིས[2]'ཏང་ཡོན་གྱི་སྣེ་ཁྲིད་འདུ་འགོད'"[3]དང[4]"སློབ་མས་དགེ་རྒན་ལ་གོ་མི་ཚོད་པའི་གནད་དོན་ཆེ་གྲས་བཅུ་འདི་བ"[5]སོགས་ཀྱི་འགྲེམས་པང་གྲལ་སྒྲིག་པོའི་ངང་སློབ་ཁང་ནང་སྒྲིག་པ་དེ་མངོན་གསལ་དོད་པོ་ཞིག་ཡོད་པ་རེད། ཝུའུ་དབྱིང་ཅེ་དང་བཅས་པ་སློབ་གྲྭའི་སློབ་གསོ་ལག་ལེན་བྱེད་སྒོའི་གཏིང་ཟབ་པའི་རྣམ་པ་ཟབ་མོས་མྱོས་ཤིང་།

lha sa grong khyer slob vbring dang por bskyod sgabs slob grwavi tang kri puvu yis tang yon gyi sne khrid vdu vgod dang slob mas dge rgan la go mi tshod pavi gnad don che gras bcu vdi ba sogs kyi vgrems pang gral sgrig povi ngang slob khang nang sgrig pa de mngon gsal dod po zhig yod pa red. wuvu dbying ce dang bcas pa slob grwavi slob gso lag len byed sgovi gting zab pavi rnam pa zab mos myos shing .

段落（3）是借用汉语的单、双引号的情况，单双引号与前后藏文音节之间无分音点间隔。

在现代网络文档、普通读物、小说等出版物中，除了单垂符使用频率较高之外，其他符号使用并不多。下面段落选择现代小说文本，可以了解到，段落的开始和结尾并没有起始符号和结尾符号。但在一些比较专业的书中，双垂符、四垂符、云头符等还是有所出现。段落（4）中没有段落结束符号，段落（5）中的[1][2]以藏文音节作为句结束标志，其中[2]处同时有段落结束符号—双垂符。段落（6）中的[1]处相当于一个句子结束符号。

（4）"ཨ་མ་--"ལྷ་སྐྱབས་གློ་བུར་དུ་གོ་ཁའི་ཡར་སྒྱིད་ཀྱི་ཕྱོགས་སུ་རྒྱུག "ཨ་མ། ཁྱོད་ལ་ཅི་བྱུང་། ཁྱོད་ལ་ཅི་བྱུང་……ཨ་མ་··" ཅུང་ཙམ་ན་ཚིག་ལན་གསལ་ལ་མི་གསལ་བ་ཞིག་ཐོས་འོངས། "ངས་བསང་ཕུད་མེད། དོ་དགོང་ཁྱོད་ཀྱིས་ཕུད་ཅིག" ལྷ་སྐྱབས་ཀྱིས་ཐེངས་དང་པོར་ཡར་སྒྱིད་ཀྱི་བསང་སྐྱོགས་ནང་དུ་མེ……（"a ma --" lha skyabs glo bur du go khavi yar sgyid kyi phyogs su rgyug "a ma, khyod la ci byung, khyod la ci byung a ma" cung tsam na tshig lan gsal la mi gsal ba zhig thos vongs, "ngas bsang phud med, do dgong khyod kyis phud cig" lha skyabs kyis thengs dang por yar sgyid kyi bsang skyogs nang du me）

（选自德本加短篇小说集）

（5）ཚིག་སྡུད་པ་ཙམ་གྱིས་བསྡུ་བ་དང་། ཁྱད་པར་བསྡུད་བ་དང་། ཡན་ལག་བསྡུ་བ་དང་། གཞི་བསྡུ་བ་དང་། གཞི་གཅིག་ཏུ་བསྡུ་བ་དང་། གཞི་མཐུན་པའི་བསྡུ་བ་དང་། དེའི་སྐྱེས་བུའི་བསྡུ་བ་དང་། ཟླས་དབྱེ་བའི་བསྡུ་བ་དང་། ཕྱོགས་ཙམ་སྟོན་པའི་བསྡུ་བའོ [1]ཞེས་བྱ་བར་སྦྱར་རོ[2]‖（tshig sdud pa tsam gyis bsdu ba dang, khyad par bsdud ba dang, yan lga bsdu ba dang, gzhi bsdu ba dang, gzhi gcig tu bsdu ba dang, gzhi mthun pavi bsdu ba dang, devi skyes buvi bsdu ba dang, zlas dbye bavi bsdu ba dang, phyogs tsam ston pavi bsdu bavo [1] zhes bya bar sbyar ro [2].）

（语门文法概要）

（6）བསམ་སྐྱིད་ཀྱིས་བསམ་བཞིན་དུ་སེམས་ཁྲལ་ཆེན་པོ་ཞིག་བྱུང་སྟེ [1]རང་དབང་མེད་པར་མིག་ཆུ་ཤོར།（bsam skyid kyis bsam bzhin du sems khral chen po zhig byung ste [1] rang dbang med par mig chu shor,）

（7）རྒྱའི་ཡིག་ཚང [1] ཐང་ཡིག་རྙིང་ [2]བས་རོད་ཆེན་པོའི་སྲིད་ལུགས་སོར་བཞིན་སྐབས [3] ཆུད་ཚོར་ཆ་དང་མིག་མངས [4]ཞེས་དང [5] ཁུང་ཕོ་གི་དོད་ཀྱི་ལོ་རྒྱུས་ཡིག་ཆ [6]དག་ཨ་དོད་བཙའ་པའི་སྲོན་ཆེན་སྲུང་སར་བྱ་ཚ སོགས་ཀྱིས་མིག་མངས་ཚེ་བའི་གཅུགས་རྒྱུ་བཀོད་ཡོད་པ།（rgyavi yig tshang　[1]thang yig rnying ma[2] las bod chen povi srid lugs skor brjod skabs [3]rtsed mor sho dang mig mangs）[4]zhes dang, [5]tung hong gi bod kyi lo rgyus yig cha）[6]dga na bod btsan povi blon chen spung sad zu tse sogs kyis mig mangs rtse bavi gtam rgyud bkod yod pa.）

（8）ལྷ་སའི་ནོར་བུ་གླིང་གར་བོད་ཀྱི་ཟློས་གར་ཆེན་མོ་བརྒྱད་དེ་[1]《ཆོས་རྒྱལ་ནོར་བཟང་》[2]ལས་གཞན་ད་དུང་[3]《དྲི་མེད་ཀུན་ལྡན་》[4]དང་[5]《སྲས་དོན་ཡོན་དོན་འགྲུབ་》[6]། 《སྣང་ས་འོད་འབུམ་》། 《གཟུགས་ཀྱི་ཉི་མ་》། 《པད་མ་འོད་འབར་》། 《འགྲོ་བ་བཟང་མོ་》བཅས་འཁྲབ་སྟོན་བྱེད་ཀྱི་ཡོད་ལ།（lha savi nor bu gling gar bod kyi zlos gar chen mo brgyad de [1]《chos rgyal nor bzang》[2]las gzhan da dung [3]《dri med kun ldan》[4]dang, [5]《sras don yon don vgrub》[6],《snang sa vod vbum》,《gzugs kyi nyi ma》,《pad ma vod vbar》,《vgro ba bzang mo》bcas vkhrab ston byed kyi yod la.）

1.7 藏文命名实体的特点

所谓命名实体是指人名、地名、机构名以及其他所有以名称为标识的实体。广义上的实体还包括地址、数字、日期、货币，等等。藏文文本中出现的命名实体从来源上看可以分为两类，即藏文中本身有的命名实体和翻译的命名实体。各类命名实体的特点下面将分别描述。

1.7.1 藏文人名的特点

藏文人名分藏族人名和他族人名藏文翻译。藏族人名用词最主要的特点之一就是运用有具体意义的实词，一般来说，多为两音节实词，意义涉及的范围宽广，内涵也比较丰富。表示祝福、赞扬、祈求、贬斥等，以及根据自己身体形态特征，对宗教的虔诚，对地位、权力的期盼等各个方面来取名。也有用神、佛、法物、法器为名的。但不管怎么说，这些具有实在意义的词数量有限，据王贵先生收集整理，构成现代常见藏族人名基本成分的两个音节的词大约为 500 多个（不包括藏族古代人名和特殊人名）[13]。

　　藏族人名还通过用字的不同来区别人物性别。如男性一般用 པོ（po）、女性用 མོ（mo）。还有的名字本身就表明性别，如美多 མེ་ཏོག（me tog）、卓玛 སྒྲོལ་མ（sgrol ma）是女性名字；普琼 བུ་ཆུང（bu chung）、阿觉 ཨ་ཅོག（a cog）是男性的名字。

　　由于用字单调，加之姓的丢弃，必然导致同一个地方几个人用同一个名字的现象。为了区别重名，避免混淆，人们常常采用各种方式,比如按照年龄的大小在名字前加大 ཆེ་བ（che ba）、中 འབྲིང་བ（vbring ba）、小 ཆུང་བ（chung ba）等字；在名字前加籍贯或各人所在的寺庙、扎仓等名字；以及添加人物的身体特征、职业、性别等以示区别。比如：大扎西 བཀྲ་ཤིས་ཆེ་བ（bkra shis che ba）、昌都达瓦 ཆབ་དོག་ཟླ་བ（chab dog zla ba）、扎伦洛桑 བཀྲས་ལྷུན་བློ་བཟང（bkras lhun blo bzang）、胖子旺杰 དབང་རྒྱས་རྒྱགས་པ（dbang rgyas rgyags pa）、厨师阿旺 མ་ཆེན་ངྒ་དབང（ma chen ngga dbang）、男孩扎桑 བུ་སྐྲ་བཟང（bu skra bzang）等。有时还把这些方法混用，以区别较多的同名人。但是这些具有区别性的用字不是人名中固有的成分，它们往往随着人物地点、职业、身份、体形等特征的消失而消失。我们把这些成分看成是人名中的临时成分。

　　他族藏文人名比较复杂，常见的有藏译汉族人名和藏译外国人名，这些人名基本上通过音译获得，从音节上看与原语保持一致，

ཟླ་བཞི་བའི་ཚེས་བཅུ་བཞི་ཉིན།　རྒྱལ་ཡོངས་དམངས་འཐུས་ཚོགས་ཆེན་རྒྱུན་ལས་ཨུ་ཡོན་ལྷན་ཁང་གི་ཨུ་ཡོན་ཀྲང་ཀྲང་ཏི་ཅང（张德江）གིས་པེ་ཅིན་མི་དམངས་ཚོགས་ཁང་ཆེན་མོའི་ནང་པ་ཞི་དམངས་གྲོས་ཁང་གི་གྲོས་དཔོན་ཨ་ཨེར་བེ་སི（阿尔维斯）དང་གྲོས་མོལ་མཛད་པ（张德江）（阿尔维斯）（zla bzhi bavi tshes bcu bzhi nyin, rgyal yongs dmangs vthus tshogs chen rgyun las u yon lhan khang gi u yon krang krang ti cang［（张德江）］gis pe cin mi dmangs tshogs khang chen movi nang pa zhi dmangs gros khang gi gros dpon a er be si［（阿尔维斯）］dang gros mol mdzad pa）

　　汉族人名用字中有一些字音译为藏文时在形式上有一些特点，汉语的复元音音译为藏文时，可以为人名识别提供形式标记，如表 18 列举了人名中的复元音用藏文表达的形式。

表18 人名中的复元音形式

汉语复元音	藏文	音 译 字	例 子
ai、ei、ui、ie	ཨེ	གས（盖）ཏེ（特）ཐེ（台）	གུས་གས（晁盖）
ao、uo、	ཨོ	ལོ（楼）རོ（绕）ཤོ（小）	ཐན་ནོ་ཤོར（阮小二）
u、ou、iu	ཨུ	འུ（吴，五）མུ（穆）ཤུ（树）ཐུ（图）ཁུ（口）ཇུ（九）	ཐན་ནོ་ཤུ（阮小五）
i	ཨི	ལི（李）	ལི་པིང（李平）

藏族十分讲究礼节，因此在称呼人时，经常用一些附加成分表示对所称人物的尊敬。附加成分标记一般分为以下四种情况：

（1）加在人名前表示尊称。加在人名前的敬语成分因地区而异，在前后藏地区为古学"སྐུ་གཞོགས"（sku gzhogs），在工布地区为阿达"ཨ་དར"（a dar），康巴地区是阿波"ཨ་ཕོ"（a pho），安多地区是阿库"ཨ་ཁུ"（a khu），其意义相当于"先生"。

（2）在人名前加根"རྒན"（rgan），意思为"老师，师长，师傅，长者"。例如：根边巴次仁 རྒན་སྤེན་པ་ཚེ་རིང（rgan spen pa tshe ring）。

（3）在人名后面加拉 ལགས（lags），表示尊敬而亲切。如央吉拉 གཡང་སྐྱིད་ལགས（g-yang skyid lags）。

（4）在人名的前后同时加附加成分。如根索达拉 རྒན་བསོད་དར་ལགས（rgan bsod dar lags）中的"根"和"拉"。

1.7.2 藏文地名的特点

青藏高原的地貌错综复杂，加之藏族主要从事畜牧业生产，他们生活的方方面面与大自然的关系十分密切。所以，他们在给地理实体命名的时候，对客体的地形、地貌、山系水系等属性或形状的多样性都有非常精细的观察和体验，地理实体的名称很大程度上体现了青藏高原地理环境的特色。

对于性质和特点相同的地理实体，为了在定名上予以区别，命名方式遵循专名和通名的组合，常见的专名在前，通名在后，也有的通名在前，后面加上表示方位、大小、颜色等修饰成分，以表明二者不同的特点。

　　藏语中常见的水文通名有 གཙང་ （河）、ཆུ་ （江）、མཚོ་ （湖）；山的通名有 རི་ （山、山峰）、ལ་ （山）、སྒང་ （岗）、རྫོང་ （小山、小丘）、ཐང་ （滩）、ལུང་ （沟，川谷、山谷口）、མདའ་ （沟尾）、མདོ་ （交叉地，汇合地）、དོང་ （坑、堑、沟壕）、ཁ་ （口，近边、边缘、前方）、གྲོང་ （洼地、塌陷处）、འགག （关口、要隘、峡）、གྲོག་ （深沟，涧沟）、གད་ （断崖）、ཕུག （窟，洞穴）、འགྲམ་ （边沿、近处）、གནོད་ （盆、盘）、垭口，ཤུག （豁口、下陷处）、ཕུ་ （沟脑、沟头、山谷的最高部分）、རྩེ་ （顶、尖、点）等。

　　常见的方位词有 ནང་ 表示里面、深处，ཕྱི་ 表示外面，ཉིན་ 表示南面、向阳处，སྲིབ་ 表示北面、背阴处，སྟོད་、གོང་、ཡར་ 表示上方、上游的，སྨད་、ཞོལ་མ་ 表示下方、下游，དབུས་མ་、བར་、གཞུང་ 表示中间、居中、半腰，ཞབས་、མཐིལ་ 表示深底、底下等。

　　常见的其他修饰词用 ཆེན་ 表示大，ཆུང་、གུ་ 表示小，རྒན་ 表示大、老，གསར་ 表示新，རིང་ 表示长，ཐུང་ 表示短等。

　　常见的颜色词有：དཀར་ （白）、དམར་ （红）、སེར་ （黄）、མཚོ་སྔོ་ （青蓝色）、མཚོ་སྐྱ་ （青灰色）、སྔོ་ （蓝色）。

　　下面讨论藏语地名的几种组合方式。

　　（1）通名+方位词

　　根据藏语的基本语序，修饰词一般放在中心词的后面，因此，方位词基本放在通名之后。比如 ཁྲོང་སྟོད་ （冲堆）意思为"上庄，上村"，ཐང་མད་ （唐卖）意思为"下坝"，ཞབས་གཡོན་མ་ （夏云玛）意思为"左脚"等等。此外，还以山和水为参照，命名山南为阳、为前，山北为阴、为后，河北为阳，河南为阴。以此说明地理实体客观存在的环境位置。比如 རྐྱང་ཉིན་སྒང་ （江宁岗）意思为"野驴阳山嘴"，ཉིན་ལུང་འོག་མ་ （宁隆噶玛）意为"下阳沟"等。

（2）通名+颜色词

藏族人对自然界的各种颜色分辨得十分精细，在对地理实体命名时，往往用颜色命名，以表示好恶感情或祈愿心理，同时是民族感情和审美心理特征的体现。比如： དུང་དཀར་（通嘎）意思为"白海螺"，ཁང་དམར་（康玛）意思为"红房屋"，དམར་སེར་（赛玛）意思为"橙色"。

（3）通名+表示大小、新旧和长短的词

为了区别同一类事物，人们喜欢用事物固有的特征表示同类中的个体。比如：སྤང་ཆེན་（帮钦）意思为"大草坪"，གྲི་ཆུང་（赤琼）意思为"小刀"，ཝ་རྒན་（瓦干），意思为"老狐狸"，གྲོང་གསར་（冲赛）意思为"新村"，རྡོ་རིང་（多仁），意思为"长石头"，ཐུང་ཤོས་（通薛）意思为"最短"等。

（4）通名+地貌特征词

所谓地貌特征词是指描述地貌本身的形状、性质等的词。比如：སྣ་རིང་མ་（拿让玛）意思为"长鼻子"，地形的特征像鼻子而得名，还有像 རྡོ་ཆལ་ཐང་（多奏塘）意思为"石壁滩"，གད་དམར་ཆུ་（朵玛尔曲）意思为"红河崖"等都为这类地名。

（5）用动植物命名

藏族人民从事农牧业生产，动植物对他们来说非常熟悉。因此，动植物名称自然就成了他们命名地理实体的名称。藏语地名常以某种动、植物名或药草名直接作地名；有的加在通名之前，常常说明了这里曾是生长这些植物或经常出没一些动物的地方。比如 གཡག（亚克）意思为"公牦牛"，ཤྭ་（夏哇）意思为"鹿"，ཝ་མོ་མོ་（瓦莫莫）意思为"母狐狸"等等；རྒྱ་མཚོ་（江错）意思为"野驴湖"，བྱ་ཆུ་（夏曲）意思为"水鸭河"，ཝ་ལུང་（阿隆）意思为"野狐狸沟"，གཡག་རྒན་ལུང་བ་（亚合干隆哇）意思为"大托牛沟"等等。还有反映矿产资源的，如 ཚྭ（盐），དར་ཚྭ་（硼砂）等。

1.7.3　藏文机构名的特点

现代藏文文本中出现的组织机构名包括中央和地方的各级行政

机关的名称、企事业单位名、世界上各个国家的国名等，表 19 列示了部分机构名的特征词。

表 19　组织机构名特征词表

汉文	藏文	例　子	汉文	藏文	例　子
委员会	ཨུ་ཡོན་ལྷན་ཁང་	法律委员会	部	སྡེ་ཚན	司法部
处	ཁང་	秘书处	银行	དངུལ་ཁང་	农业银行
厅	སྡེ་	自治区商务厅	署	ཅུས་	新闻出版署
研究中心	ཞིབ་འཇུག་ལྟེ་གནས	国务院发展研究中心	局	ཅུས་	警察局
学院	སློབ་གྲྭ	西藏民族学院	社	ཁང་	新华通讯社
团	ཚོགས་པ	主席团	科学院	ཚན་རིག་ཁང་	中国社会科学院
法院	ཁྲིམས་ཁང་	最高人民法院	室	ཁང་	国务院研究室
公司	ཀུང་སི	中国邮政集团公司	总局	ཅུས་ཁྱབ	国家体育总局

机构名的另一主要组成部分是各级行政机构，主要有省、市、区、县、乡、村、组、街道、小区等。表 20 列了一些常用行政机构名特征词。

表 20　行政机构名特征词

汉文	藏文	例　子	汉文	藏文	例　子
省	ཞིང་ཆེན	青海省	乡	ཤང་	茶巴朗乡

续表

汉文	藏文	例　子	汉文	藏文	例　子
市	ལྷ་ས་གྲོང་ཁྱེར	ལྷ་ས་གྲོང་ཁྱེར 拉萨市	村	གྲོང་ཚོ, གྲོང་ཚོ	ཡར་འབྲོང་གྲོང་ཚོ 亚仲村
区	ས་ཁུལ	ལྷོ་ཁ་ས་ཁུལ 山南地区	街道办事处	ཁྲོམ་གཞུང་ལས་ ཁུངས་ཁང	བར་སྐོར་ཁྲོམ་གཞུང་ལས་ཁུངས་ཁང 八廓街街道办事处
县	རྫོང	མེ་ཏོག་རྫོང 墨脱县	小区	གཞིས་ཁུལ	བདེ་སྐྱིད་གཞིས་ཁུལ 幸福小区
自治区	རང་སྐྱོང་ལྗོངས	བོད་རང་སྐྱོང་ལྗོངས 西藏自治区	自治县	རང་སྐྱོང་རྫོང	དཔའ་རིས་རང་སྐྱོང་རྫོང 天祝自治县
自治州	རང་སྐྱོང་ཁུལ	རྫ་བ་བོད་རིགས་རང་སྐྱོང་ཁུལ 坝藏族自治州	路	ལམ	པེ་ཅིན་ལམ 北京路

1.7.4　藏文时间词的特点

藏文的时间词包括年月日的表示方法、时分秒的表示方法和星期的表示方法三个大类。

单独出现年：数字+ལོ+（时间格/属格），例如 2000ལོར（在 2000年）；1980ལོ（1980 年），1998ལོའི་མཇུག（1998 年的年末）。

出现年月：数字+ལོ+属格+ཟླ+数字，例如 1999ལོའི་ཟླ11（1999 年的 11 月）。

出现年月日：数字+ལོ+属格+ཟླ+数字+ཚེས+数字，例如 2010ལོའི་ཟླ12ཚེས31ཉིན（2010 年的 12 月 31 日）

年月日中的阿拉伯数字可以换成藏文阿拉伯和藏文大写数字，如 2010ལོའི་ཟླ12ཚེས31ཉིན 可以表示为 ༢༠༡༠ ལོའི་ཟླ་བཅུ་གཉིས་ ཚེས་ སུམ་ཅུ་ ཉིན。用藏文阿拉伯或者阿拉伯数字表达日月时，有时候会使用序数词，序数词的构成是藏文阿拉伯或者阿拉伯数字带序数词后缀 པ 或 བ，如：ཟླ་པའི་ཚེས་འཁྲེན（5月 8 日）和 ཟླ5ཚེས4ཉིན（5 月 4 日）。

时间词中的数字可以使用藏文大写数字、藏文阿拉伯和阿拉伯数字，这些数字可以交叉使用，即在表达一个时间的时点可以用大写，分钟可以使用阿拉伯数字或者藏文阿拉伯。

点的表示：ཆུ་ཚོད་+数字+དང་+སྐར་མ་+数字+（属格）+ཐོག，如：ཆུ་ཚོད་བརྒྱད་དང་སྐར་མ་21ཡི（八点二十一分），ཆུ་ཚོད་5དང་སྐར་མ་58ཡི་ཐོག（5 点 58 分），ཆུ་ཚོད་23དང་སྐར་མ་59ཡི་ཐོག（23 点 59 分）。

时间 "一" 的表达，可以用 དང་པོ，例如：ཆུ་ཚོད་དང་པོ་ཡོལ་ནས་སྐར་མ་བཅུ（一点过十分）。

半点的表示：半点可以用 སྐར་མ་+30，也可以用 ཕྱེད་ཀ（半），如 ཆུ་ཚོད་བདུན་དང་ཕྱེད་ཀ（七点半）。

时间 "过" 的表达：用 ཡོལ་ནས，例如 ཆུ་ཚོད་བརྒྱད་པ་ཡོལ་ནས་སྐར་མ་བཅུ（八点过十分）。

1.7.5　藏文地址的特点

地址和地名有时候区分不开，地址是指从较大地名到较小地名的组合和叠加，它有比较严格的层次关系。其特殊性在于一个地址里包含多个地名，这些地名按照严格的层次，从大到小排列，地址中的门牌号或楼牌号是最小的一级地名[14]，多地名也可以构成地名，比如 བོད་ཀྱི་ལྷ་ས་གྲོང་ཁྱེར（西藏拉萨市），区分地址和地名需要辨别最小一级的地名是否可以作为邮件投递的地址，如楼牌和门牌号，否则都认为是地名。例如：བོད་ལྗོངས་ལྷ་ས་སྐྱིད་ལམ་གྱི་ཨང་གྲངས13པ（西藏拉萨林路 13 号），是一个多地名的地址。

不同类别的命名实体都有各自的特点，但是在文本中，也有共同的特点，即命名实体可能会与表示施事、受事、对象、时间、地点的格标记形成黏写形式，从而导致识别和切分困难。下面分别以实例说明。

人名与施事、受事、对象格标记形成黏写形式。例如：

（1）ཡང་ཀྲིར་/nhཁྲབ་ཆགས་འཁོར་གསུམ་ཀྱིང་ནས་གྲུ་ཅིན་དང་བོ་རྣམས་འཁྲུན་དགོས་པའི་བགར་ཁག（杨志+对象格）

（2）ཡང་ཀྲིས་/nhཉེ་སྐར་དུ་སྙེངས་ཀའི་ཁྲུལ་ལ་སོ་ནས་ཁྲབ་རྣམ་འཁོར་གསུམ་ཀྱིང（杨志+施事格）

（3）*1993ཚཱནང་ཚཱ་ཞི་ཀྱུའུ་ཙ་མཁལ་འཛུད་ཞེངས་དང་པོ་གནས་སྐབས་ཚོམ་བདེ་འཁགས་དང་ཞི་དབོ་བཀུན*

ཁྱེད་བཅས་ཡིན་ལ་དཔལ་འབྱོར་གོང་འཕེལ་ལ་ཕན་པ་ཡོད་པའི་འཛུགས་སྐྱོང་དེ་དུས་རབས་ཉེར་གཅིག་པར་ཕྱིད་དགོས་ཞེས་ནས་བཤད་ཆུང་།（年+时间格）

（4）སྦྲ་ཚན་འདིར་ ཤྭ་ཁབ་ལ་བབས་ཏེས་ཀྱི་ནས་པ་ཇེ་འད་ཡོང་པ་བྱས་ཡོད།（拉萨+位格）

1.8　藏文文本的其他特点

这里所说的特点是指，在文字排版过程中呈现的一些特点。这些特点主要指排版补空时加分音点和 གས་ 的变体 ར。下面例子取自西藏日报，可以看到几乎每一行的末尾都有数量不等的点。

（西藏日报）

同样 གས་ 也是为了排版的需要在行末尾时可以变换为 ར，但在实际文本中，གས་ 不在行尾的也变化成 ར，如：ངས་པར་དུ་གོ་ ཀྱ་ས་ཆ་མཚོན་ུ་བཏང་ཏེ་མི་ཚ་ས་དགོ་ཚོར་གས་ཀྱི་རྒྱུ་དང་དབང་ཚོགས་འབོ་སྐོ་ཏུ་བྱེའི་ཡོན་ཏན་འདི་གཉིས་ཞེས་ཐུབ་པ་དང་།

总之，通过上述的描述，我们可以基本了解藏文文本的一些特点，对这些特点的了解和认识可以对后续藏文分词研究有所帮助。

第 2 章

藏语分词研究的历史与现状

2.1 引言

当谈到计算机分词的时候，曾遇到语言学的老师对我说，为什么要分词？词典里的词不是都有吗，还用得着分吗？当他提出这个意见的时候，是把计算机的分词等同于人的分词了。就像我们在读汉语文本时，并没有感觉到需要特意分词这个步骤，其原因，一方面是母语人有丰富的母语语言知识和文化知识背景，分词的过程很难察觉，另一方面，人有能力通过文本上下文语境先理解后分词，这个过程消除了大部分的分词歧义。其实即使是人同样也会遇到分词问题，如果学习一门新的语言，该语言词与词之间无显性分隔标记，分词问题马上就会凸显出来。当我们初学藏语的时候，看到一个句子，一长串的音节都不认识时，就需要查词典，比如下面的句子有 10 个音节字❶，标记编号①—⑩，这个时候就需要考虑是①②组合查词典还是②③组合查词典，或者①②③分别查词典。那个时候我们对藏语的了解和认识不比计算机强，因此这个查词典的过程与计算机自动分词的过程基本上吻合。

上述的例子很好的说明计算机和人为什么会遇到自动分词的问

---

❶　分音点之间的音节本书称作音节字，但实际上可能不是一个音节，而是两个音节的缩略。

题，那么下面就谈谈分词的意义了。藏语分词到底有什么意义呢？我们先看看学者对汉语分词意义的认识，孙茂松等人指出"汉语自动分词是任何中文自然语言处理系统都难以回避的第一道基本工序，其作用是怎么估计都不会过分，只有逾越这个障碍，中文处理系统才称得上初步打上了智能的印记，构建与词平面之上的各种后续语言分析手段才有大显身手的舞台，否则，系统便只能被束缚在字平面上，成不了太大的气候"[15]。黄昌宁教授也指出"自动分词是大部分中文信息处理系统的第一步（即前端），是对句子实施句法-语义分析的前提"[16]。这段话虽然是谈汉语的分词意义，但用来说明藏语分词意义也十分确切。藏语分词同样也是各种语言处理平台的基础，如果这个基础研究得好，就会迅速推动后续研究的进展，如果研究得差，不但后续研究无法进展，即使有了好的技术可借鉴，也会有巧妇难为无米之炊的窘态，这种现象过去存在，现在也存在。

当前藏语分词面临的不是技术问题，而是思想问题，就如孙茂松谈过以前汉语分词遇到的问题一样，不懂的人认为太简单了，就不是一个事，不值得嚷嚷，懂行的人认为，单单一个藏语分词不是也研究了十年八年的了，还需要谈这个问题吗？这两种认识都对藏语分词的开展形成了较大的阻力，一方面，随着我国语言信息技术的进步，汉语信息处理已经跨越了词处理阶段，研究的着力点放在句法语义等领域。这本来对于藏语言信息处理来说是一个大好事，因为有太多的经验和教训可学习和借鉴。但是也得要头脑清晰地看到藏语信息处理的研究基础和资源建设的现状，从实际出发，打好基础。但是令人担忧的是目前藏语信息处理界的一些人存在"大跃进"思维，赶超汉语信息技术，跨越基本研究，大谈阔谈藏语语义句法研究，跨越了最基础的分词、标注、通用语料库等研究。较少的人愿意花力气来作这个研究。另一方面，一些非藏语母语的研究人员，认为汉语分词技术已经很成熟了，把汉语换成藏语不就可以了？这两种人都忽略了藏语信息处理研究的基础，忽略了藏语语言本身的特点。两种认识的结果是把藏语信息处理现状想得太好了，觉得大部分问题都解决得差不多了。因此就出现了藏语信息处理的"文夸风"现象，许多文章动辄号称某些研究准确率达到 99.9%，98% 以上等，但实际上又拿不出一个实用系统的怪现象。

藏语文本中词与词之间没有显性的分隔标记，要把文本中的词一个一个切分开，最基本的想法是，首先得制定出一个词表来，然后按照词表把文本中的词切分开来，那么要制定词表，所遇到的问题会有，词的定义是什么？"词"的界限明确可操作吗？哪些词应该包括在词表中呢？怎么用词表实现分词呢？要回答这些问题，就引出了藏语信息处理的最为基本的几个研究领域：（1）分词词表；（2）分词规范；（3）分词技术与方法；同时与分词密切关联的词类分类与词性标注的技术与方法也不得不谈。下文我们将根据这些问题逐个叙述。首先简要介绍汉语分词方法与技术，然后谈论藏语词类分类原则、分词规范原则、分词现状、分词技术对比等内容。

2.2　藏语分词的思路

从目前藏语分词研究来看，藏语分词的思路一直是基于词表的分词研究，分词技术上主要利用词典匹配，包括最大匹配法，逆向最大匹配法，双向扫描匹配法，高频优先切分法和最佳匹配法等[17, 18, 19, 20, 21, 22, 23, 24, 25]。最近几年，基于统计的藏文分词思路也逐渐被研究者接受，史晓东和卢亚军将汉语分词系统 Segtag 所用的技术移植到藏语分词研究，开发了央金藏文分词标注系统[26]，该系统主要使用隐马尔科夫模型，取得了较为客观的分词准确率；江涛采用四字位标注集的字位标注方法引入藏语分词[27]；刘汇丹等同样用字位标注方法，选择了六字位标注集的条件随机场统计模型进行藏语分词[28]，取得了较好的效果。本书作者也选择六字位标注集，采用条件随机场的统计模型，在 100 万音节字的人工切分语料的支持下，进行了藏语分词研究，后文将对各种研究的具体情况详细阐述。

2.3 藏语分词原则及分词词表研究

罗秉芬、江荻于 1999 年首次报道了对藏语分词规范的研究[29]，该文在 500 万音节字的真实文本语料分词实践中归纳出藏语计算机自动分词的三十六条基本规则，值得肯定的是该文并没有刻意讨论什么是词和分词单位，而是从实践的角度归纳出在具体文本分词切分时哪些单位需要切分，哪些单位不便于切分，其优点在于避免了"词"和"非词"概念的纠缠，该分词规则是在藏语分词研究中最早的关于分词原则的研究。从大规模的文本分词的实践要求来看，该规则还需要进一步细化，但是该文较早提出了分词标准的问题，是难能可贵的，遗憾的是未做进一步的后续研究。可以说藏语分词原则的研究几乎沉寂了十年，直到 2009 年，才又有几篇关于分词原则问题讨论的文章。关白从藏语分词中存在的交集型歧义和组合型歧义谈到藏语分词原则的问题，他回顾了传统文法学家对藏语词的定义，分析了藏语词的构成方式及内部结构，以《咨讯用中文信息处理分词规范》、《中文信息处理分词之基本词表》、《信息处理用现代汉语分词规范》和《分词词表》等为参照，讨论了藏语的词、格助词、藏文信息处理和藏语信息处理及分词单位等概念[30]。扎西加等依据藏语词汇的构词规律和特点，提出了一套"适合计算机信息处理的藏文分词规范标准"，首先把藏文词类划分为 26 个基本类和 9 个特殊类，在 26 个基本类当中继续细分为不同的子类。该文首先提出了十四个分词的总原则，然后提出分词的细则，在该分词细则中第一级细则共有 35 条规则，大约 60 多条二级和三级规则，这是目前对藏语分词规则最为详细的讨论。据报道该规则在约 4 万字的语料中实践，取得了较好的效果[31]。关白 2010 年再次提出藏语分词单位的问题[32]，该文为藏语分词单位确立了九项基本原则和三项辅助原则，又将藏语词划分为 22 个类，以此为依据，描述了 37 个分词细则。从上述分词原则的研究可以看出，大多数研究人员想制定一套分词原则去适应分词实践，忽略了词或者分词单位在具体的语言环境中的表现是有差别的，分词中的词或者分词单位并不是一成不变的，在具体的实践中有时候需要作为一个分词单位，有时候又不能作为一个分词单位，这就需要在具体的语言环境中作决定。

藏语分词词表的研究。词表对于基于规则的藏语分词研究来说，十分重要。一部科学、合理的分词词表是基于规则的藏语分词的前提。那么藏语分词词表研制方面又有哪些研究成果呢？目前并没有一个通用的作为分词用的藏语分词词表，词表的来源主要是一些纸质版词典电子化后，经过一系列的加工处理。卢亚军等人从藏语文本统计的角度出发，以《藏汉大辞典》为蓝本，并综合了其他的一些词典和词表，经过归并、删减审定，得到了 34000 多个词条制作成词表，选词的规则是"最小的"、"不可划分的"单纯词、合成词以及黏着性词组[33]。陈玉忠等人开发了汉藏英三语对照电子词典，目的是为藏汉机器翻译服务，2000 年时收词约 18 万条，词典包括基本词典和科技词典。江荻等人建立了约 12 万条词的电子词典，目的主要用作藏语分词以及句法研究，并建立了约 3 万词条的语法信息词典，每项词条附加了约 20 条词法与句法属性信息，部分添加了实例[34]。除此之外，还有，汉藏在线翻译多媒体电子词典，洛藏数码公司研发的藏汉英电子词典[35]。这些词典是否在藏语分词实践中使用，其效果如何，没有看到太多的报道。下面将谈谈那些在分词实践中使用过的、作为分词词表的词典情况。

陈玉忠等提出了基于格助词和接续特征的书面藏语自动分词方案，该方案充分利用藏语接续特征的知识库及分词词典，特征知识库和分词词典共同构成了分词词表，其中，基于字接续特征的字性知识库中有 14400 个藏文字符，基于句的接续特征的格助词知识库中包括 82 个格助词及变体，基于词接续特征的分词词典中收录了约 10 万条词，这些知识库共同构成了分词词表[31]。班智达自动分词词典库共收录词条 95968 条[25]。史晓东等在研制央金藏文分词系统时，由于从训练语料中获得的词的数量有限，把词典中大约 9 万条词简单地、以频率为 1 加入训练语料，获得约 97800 条词作为分词词表[26]。姚徐等也报道收集整理了多部词典，形成约 10 万词条的大型藏语分词词库[36]；刘汇丹等从《藏汉大辞典》《汉藏对照词典》等多部词典中提取藏文词条，增加了一些普通词典未收录但可以作为一个分词单位的藏语语言成分，并通过人工筛选校对后形成了一部约 22 万条词的分词词典[22]。另外还有一些对分词词典编排格式及存储方式相关的研究，本书作者也建立了约 18 万词条的词典，并制作成网络版电子词典，同时从手工切分的 100 万音节字的文本语料中抽取出约 4 万词条作为基于规则的分词研究。从上面的叙述中，可以看出藏语分词词表的研制虽然获得了很大的成绩，但是问题也很严重：一是基本上都是以现有纸质词典为基础，电子化后稍作改进成为分词词典；二是这些分词词典中的词古今杂糅，方言词汇很少区分，新词新语缺失；三是词条编制缺乏科学一致的手段，不但导致分词结果差距较大，甚至由于以前词典编制或者认识上的错误也一并传递到了分词实践中，因此藏语通用分词词表的研制还有许多工作需要做。为了说明统一词表在分词中的作用，下面我们做一个小测试，测试语料一致，分词方法相同，只是词表不同的情况下，采用正向最大匹配分词（黏着形式采用还原法处理），下面分别是利用词表 A 和词表 B（7909 条词）的分词结果。

词表 A 的分词评测结果：

TOTAL TRUE WORD COUNT: 8288

=== TOTAL TEST WORD COUNT: 9149

=== TOTAL TRUE WORDS RECALL: 0.799

=== TOTAL TEST WORDS PRECISION: 0.723

=== F MEASURE: 0.759

=== OOV Rate: 1.000

=== OOV Recall Rate: 0.799

=== IV Recall Rate: --

test.txt   1050   189   1480   2719   8288   9149   0.799

0.723 0.759 1.000 0.799 --

词表 B 的分词评测结果：

=== TOTAL TRUE WORD COUNT: 8288

=== TOTAL TEST WORD COUNT: 7752

=== TOTAL TRUE WORDS RECALL: 0.819

=== TOTAL TEST WORDS PRECISION: 0.876

=== F MEASURE: 0.847

=== OOV Rate: 1.000

=== OOV Recall Rate: 0.819

=== IV Recall Rate: --

test.txt 43 579 918 1540 8288 7752 0.819 0.876 0.847 1.000 0.819 --

从上面测试结果可以看出，采用词表 A 的准确率、召回率和 F 值分别 0.723、0.799 和 0.759，采用词表 B 的准确率、召回率和 F 值分别是 0.876、0.819 和 0.847。即使同一个方法，在词条不同的情况下，测试结果差别也比较大。上述两个词表只是在词条数量上有差别，编制方法和理念相同，出自同一人之手。藏语的词条编制方面，不同的人有不同的认识，而且差别还比较大，尤其是动词的方面，比如，ཇུག་ 是一个动词，但是许多词典收入的词形是 ཇུག་པ，这样分词的结果就会有较大差别，如下面测试数据是采用《藏汉大辞典》作为词表（词表 C）的分词测试结果。

词表 C 的分词评测结果：

TOTAL TRUE WORD COUNT: 8288

=== TOTAL TEST WORD COUNT: 8757

=== TOTAL TRUE WORDS RECALL: 0.682

=== TOTAL TEST WORDS PRECISION: 0.645

=== F MEASURE: 0.663

=== OOV Rate: 1.000

=== OOV Recall Rate: 0.682

=== IV Recall Rate: --

test.txt 871 402 2234 3507 8288 8757 0.682 0.645 0.663 1.000 0.682

同样的测试语料采用词表 C 的分词结果准确率、召回率和 F 值分别只有 0.645、0.682 和 0.663，主要原因是词表 C 中的词条与我们评测标准答案中的词条不一致。从这些测试结果可以看出统一标准的词表对于分词结果有重要的意义，在词表差别较大和测试语料不同的情况下，比较不同系统的分词结果就失去了意义。

分词词表并不是把现有的纸质版的词典录入计算机转化为电子词典那么简单，而是要通过大量的研究工作，对于词表中收词的原则、规模大小、编排格式等各个方面都要进行细致而又科学合理的甄别筛选。在汉语通用分词词表的研制工作方面，清华大学孙茂松、黄昌宁等先生做了许多工作，下面我们简述他们在研究汉语通用分词词表的过程。

汉语通用分词词表的研制面向三个基本的目标：满足信息处理需要，与语言学词大体一致并考虑人的直觉，词的使用频度是一个重要的参考。其基本原则和操作程序综合考虑语言学的规则、词的频率和机器处理的便利性原则。同时对收入词表的词以分词单位来命名，分词单位不但可以包含词、一部分词组、还有一些短句等。用分词单位这个概念避免了语言学的词和词组界限不清而带来的麻烦。如果一个词语言学上认为是一个词而频率也足够高就确认为词，有些词语言学上说不清楚是词或者词组但是频率足够高就可以确定收入词表，有些词虽然在语言学上不认为是个词，但是拆开后无助于机器处理，合并也不会有什么不利影响的，尽可能的合并为一个词。

汉语通用分词词表研制的操作过程采用了定性和定量的处理策略。所谓定性是通过人的判断是否为一个词，所谓定量是通过大规模的语料库的检测验证。首先整合了一部分现有纸质版的词典，提取出一个初表，然后用一个约 8 亿字的语料库自动获取初表中词的串频、词频、互信息等数据，通过排查歧义最终确定一个带有词频信息的词表，然后参考频率值甄别初表中的词是否该收入分词词表。确定词表后还用人工标注语料库进行词表覆盖率检验。最终的词表还按照一定的规则分成不同的库。从这个研制过程中，可以看出确定一个分词词表的条件除了人工筛选之外还需要的条件有：一个权威的词典作为底表，一个大规模的平衡语料库和一个分词标注的语料库。但是这些基础条件在藏语中一个也没有，因此获得一个公认的分词词表就比较困难。

2.4　藏语分词技术研究

正如汉语分词研究过程一样，藏语分词技术上首先采用的是基于词典匹配的规则方法。在这个分词思想的指导下实现的藏语分词系统有扎西次仁的分词系统，陈玉忠等的藏语分词系统，才智杰等的班智达藏语分词系统，孙媛等人的分词系统，刘汇丹等人的分词系统，不丹国的 Norbu 等的宗咔语的分词系统，梁金宝、龙从军的基于规则的分词系统。上述这些基于规则的藏语分词技术的主要思路是：藏语有各类接续特征词，藏语文本中的字、词、句各级存在着许多天然的切分特征标记，基于此，陈玉忠、江荻等率先提出利用字切分特征、字性库先"认字"，再用标点符号、关联词"断句"，用格助词"分块"，再用词典"认词"。充分利用各类接续特征分词的多级分词方案。与此类似的方案是江荻的组块分词策略，该方案的思路是藏语句法形式标记丰富，可以从高层切入，通过词格标记、名物化标记、动词语尾、指代词、构词词缀、连词等形式标记建立十类藏语句法组块类型，分词时先根据形式标记分块，然后块内分词。上述的各种系统在具体操作时又采用了正向最大匹配，逆向最大匹配，双向扫描匹配等不同的策略。对各种系统分词结果，我们可以从相关论文中窥知一二，基于格助词和接续特征的藏文自动分词方案的效果是，测试集（句）500，测试集（词）5900，错误（词）

155，精度（%）97.21，该方案"摆脱词典的束缚，不受领域限制因而具有较强的通用性"[20]。班智达分词系统通过"对85万字节藏语语料的切分，并经人工分析统计班智达自动切分系统对规范文本切分准确率达99%"[37]。孙媛等的分词系统通过对435个句子共计4067个词作为测试样本，其结果是，切分歧义有83个，其中交集型歧义73个，组合型歧义10个[38]。刘汇丹等的SegT分词系统，从23万句藏文语料中随机抽取4000个句子，用3000句作为训练，1000句作为测试集。系统分词结果是准确率最高达到96.987%，召回率最高达96.911%，F值最高达到96.9494%。研究者还分别采用了单向最大匹配、逆向最大匹配和双向匹配消歧的策略，并分别给出了测试的结果数据，说明双向匹配消歧策略最佳。同时他们指出格助词分块在正向与双向匹配消歧两种策略中准确率反而略微降低，只有在逆向最大匹配中准确率略有提高[22]。

近些年，基于统计的藏语分词研究也初露头角，首先把统计技术引入藏语分词的是史晓东、卢亚军的央金藏文分词系统，该分词系统把汉语分词系统Segtag的技术移植到藏语分词中，主要采用的隐马尔科夫模型，把分词和标注一体化处理，该系统使用了约2.7M文本和97800条词作为训练语料，对约25K语料进行测试，其分词结果是准确率92.215%，标注准确率为79.342%，分词召回率90.041%，标注召回率79.647%，分词F值91.115%，标注F值79.494%[26]。江涛采用字位标注理论，使用条件随机场模型对藏语进行分词研究。他采用了4字位和10个基本特征、2个附加特征作为特征模板，用2500句人工切分的句子作为训练语料，以225句测试语料进行测试，其结果切分准确率在93.5%[27]。同时刘汇丹等也采用了条件随机场模型在基于规则的分词系统生成的分词语料上进行训练，训练语料由于没有经过人工校对而存在一些错误，经过对131903句藏文语料训练得到的分词模型在1000句测试语料上测试的F值达到了95.12%[28]。与此同时龙从军、康才畯运用字位标注理论，采用条件随机场模型以人工切分100万音节字文本材料基础上获得了一个约 80M 的分词模型，取得约 94% 的准确率。

　　以上对藏语分词研究做了比较全面的回顾，对藏语分词的理论思想、技术方案、分词的效果等都有了一些了解，可以看出藏语分词研究越来越受到重视，研究的思路越来越广，方法和技术手段也在不断更新，是值得肯定的。但是问题也很多，十年来藏语分词却没有实用的分词软件，不但对藏语后续信息处理造成了严重的后果，而且也值得研究者深刻反思，分词软件的研究与开发不光是一种理论的探讨，也是一项工程建设，没有实干的精神，科学的态度，对一项工程研究来说，就是纸上谈兵。

2.5　藏语现有分词系统比较

　　藏语分词研究过程中已经获得了较多的研究成果，据报道的分词系统有约 10 套，下列数据取自相关论文报道，实际公开的系统并不多。这些系统的基本情况如表 21 所示：

表 21　藏语分词系统比较

分词系统	测试语料句子数	测试语料总词次	平均句子数	P%	R%	F1%
陈玉忠 2003a	500	58900	11.78	—	97.21	—
陈玉忠 2003b	—	—	—		≥0.96	
刘汇丹 SegT	1000	13977	13.98	96.98	96.61	96.94
刘汇丹 CRF-SegT	1000	13977	13.98	95.09	95.15	95.12
江涛 CRF	225			93.30	93.50	93.40
卢亚军央金	—			92.215	90.041	91.115
孙媛 2009	435	4067	9.35	—	87.02	
中国社科民族所	—	23818	—	92.08	95.02	0.9352

分词系统	测试语料句子数	测试语料总词次	平均句子数	P%	R%	F1%
中科自动化所 2013a	—	—	—	0.9537	0.9534	0.9535
中科自动化所 2013b	—	—	—	0.9533	0.9531	0.9532

这些系统的研制对藏语信息处理有极大的推动作用，但遗憾的是，上述各家系统没有公开发布，供藏语信息处理研究人员使用，据我了解，卢亚军的央金分析系统历经多次更新，目前已经在他们研制的藏汉机器翻译中使用；中科院自动化所的分词系统供中央民族大学研究藏语的部分老师使用，刘汇丹的分词软件在社科院民族所使用过。但是这些分词系统都或多或少存在一些问题。本书研究人员参照各种分词系统，查漏补缺，试图研制一款实用化的分词系统，并供研究者使用。我们的研究是在社科院民族所和中科院软件研究所现有的分词系统上改进与深化，同时在行文中细致地介绍了藏语分词的基本知识和基本理论及其实践过程。

第 3 章

藏语文本分词规范与原则

3.1 藏语机器分词原则的讨论

3.1.1 汉语分词原则的研究历史

苏新春先生早在上世纪 80 年代写过一篇文章《"人""机"分词差异及规范词典的收词依据》，作者讨论机器统计出的 8548 个词条中，有 645 个常用词未收入《现代汉语词典》。通过比较得出机器分词注重言语实际的凝固程度与复现率，而现代汉语词典主要考虑词语意义的完整性和使用上的独立性。通过这个事实，我们可以得出一个结论，机器分词与通常语法词大部分一致，在研究机器分词中，要采取灵活的处理策略。

藏语机器分词中，研究者一直期望制定一套行之有效的分词原则及分词规范，并能提供一个各方面都比较满意的分词词表。这个问题的提出并不是偶然现象，汉语分词研究曾经走过这样的路子。早期研究藏语分词的研究者借鉴了这个研究思路，使之在藏语中运用。汉语分词规范和分词词表研究的历程又怎么样呢？这里略作一点介绍。

常用词表工作开始于 1981 年，完成于 1986 年，其中选材在时间上分成四个时期，1919—1949 年，1950—1966 年，1957—1967 年，1977—1982 年；内容包括自然科学和社会科学共十类，总共选择母体 3 亿汉字，然后从中抽样 2 千余万汉字，由计算机分词后根据学科进行词频统计。词频统计的词条来源于各大词典和"添加词"，最终完成了初表，初表经过加工后，分成不同的级，一级 6994 条，二级 27970 条，单字表 3522 条和专有名词附表。

词表完成后还需要一个验证过程，验证选材来源于新华社词频统计数据，验证后，他们做了两个方面的工作，一是收入大量不属于《常用词表》收词范围的词，如人名，地名等；二是收入大量不符合分词规范的词，最终结果使一级词覆盖率达 89.15%，二级词覆盖率达 10.15%，总覆盖率达 99.3%。这次词表研究可以说是汉语分词词表研究的重要一环，为以后的分词词表的研究奠定了良好的基础[39]。

1987 年，北京航空航天大学承担了"信息处理用现代汉语常用标准词库的研究"和"信息处理用现代汉语分词规范"课题，该课题组成立了有计算机、语言学等学科的专家组，经多次讨论，拟定了一个研制分词的基本原则，包括科学性和严谨性，稳定性，通用性，实用性，完整性和一致性。经七易其稿，最终形成了《信息处理用现代汉语分词规范》的报批稿[40]。

在 1992 年国家颁布了《信息处理用现代汉语分词规范（国家标准)》，国家标准的颁布促进了汉语分词研究。

1997 年，《语言文字应用》杂志社在举行五周年创刊号纪念活动时，安排了汉语信息处理专题采访栏目，本次栏目的主题就是汉语自动分词。分别介绍了自动分词的研究背景、分词标准和分词评测方法，提出了分词规范的具体原则。按照黄昌宁的说法"大多数信息处理的同行专家把这个问题视为当务之急"，可见分词问题在当时条件下的重要性。黄老师在自己的文章中也谈到四个方面的问题：（1）词是否有清晰的界定；（2）分词和理解孰先孰后；（3）分词歧义消解；（4）未登录词（Out-of-Vocabulary，简称 OOV）识别。从这些文章中可以看出，自 1992 年颁布了分词规范的国家标准以后，极大地推动了分词研究的进展。2007 年黄昌宁、赵海在《中文分词十年回顾》一文谈到通过十年分词研究得到的经验教训可以总结如下：

（1）通过分词规范+词表+分词语料库的方法，使中文词语在真实文本中得到可计算的定义，这是实现计算机自动分词和可评测的基础；

（2）实践证明，基于手工规则的分词系统在评测中不敌基于统计学习的分词系统；

（3）在 Bakeoff 数据上的估算结果表明，未登录词（OOV）造成的分词精度失落至少比分词歧义大 5 倍以上；

（4）迄今为止的实验结果证明，能够大幅度提高未登录词识别性能的字标注统计学习方法优于以往的基于词（或词典）的方法，并使自动分词系统的精度达到了新高。

了解汉藏语言有很多类似的情况，了解汉语的分词研究过程，可以较好地定位藏文分词研究。藏文分词研究从大的方面看，目前仍然处于较低的水平，从主流技术看，主要以规则为主，统计为辅（近三年正在改变），从研究的成果来看，理论讨论多，实际产品少。从国家标准制定看，目前尚未有关于分词规范和原则的国家标准颁布，因此目前的分词研究正处于百花齐放的阶段。本书旨在全面讨论藏文分词的理论和技术，因此，我们将从藏文分词规范和原则开始讨论。

3.1.2　藏文分词原则的研究历史

对计算机来说单词（Word）就是一个字符串，是构成源代码的最小单位。从输入字符流中生成单词的过程叫作单词化（Tokenization），也就是通常所说的自动分词。根据不同的语言特点，自动分词的任务有所不同，对如英语一样的语言文本，词与词之间有明显的空格，分词就相对简单，主要是对一些形态变化的处理和对一些凝固短语的整合，例如"part of speech"是指"词类"，尽管三个单词都有意义，但是在文本中不宜分割。对于汉语和藏语一类的语言，自动分词的内涵又有所扩展，汉藏语词与词之间无明显间隔，对计算机来说，词的概念就模糊不清了，例如"ཁྱད་རང་སྐྱིད་ཤོས།"这个字符串的分词结果的计算公式为：

$$C_4^2 = 6$$

分词的结果有：ཁྱད་/རང་སྐྱིད་ཤོས།、ཁྱད་རང་/སྐྱིད་ཤོས།、ཁྱད་རང་སྐྱིད་/ཤོས།、ཁྱད་རང་སྐྱིད་ཤོས།、ཁྱད་/རང་སྐྱིད་/ཤོས།、ཁྱད་/རང་/སྐྱིད་/ཤོས།。但是这六种分词结果哪些是合适的？不同的人的评判标准也不同，由此产生了分词原则这个问题。如上面的六个分词结果中 ཁྱད་/རང་སྐྱིད་ཤོས།、ཁྱད་/རང་/སྐྱིད་ཤོས། 这三种结果从语法角度分析都可以被人们接受，如果按照接受度排名，根据我们的经验可以是 ཁྱད་རང་སྐྱིད་ཤོས། > ཁྱད་/རང་སྐྱིད་ཤོས། > ཁྱད་/རང་/སྐྱིད་ཤོས།。如果从使用频度来看，ཁྱད་/རང་སྐྱིད་ཤོས། 的使用频度可能更高。

从上面的讨论，可以看出分词原则的问题是需要有一个统一的标准，这样才可能对分词的准确率进行评测，如果没有一个原则，很难说哪个分词系统比其他的系统更好。

谈分词原则不能回避分词单位这个概念，《信息处理用现代汉语分词规范》中对汉语分词单位是这样定义的：汉语信息处理使用的、具有确定的语义或语法功能的基本单位，它包括本规范的规则限定的词和词组[41]。分词单位的提出可以厘清语言学上的词与分词单位之间的关系，避免过去在词和非词上的纠缠。现代藏语与现代汉语类似，由于许多语素可以单独使用，一些词组、短语总是以固定的形式出现，为了便于信息处理工程技术性考虑，分词单位既要包括语言学中的词，还要包括一些特定的语素、短语、高频的固定结构。揭春雨[42]在谈到汉语分词规则时，总括了汉语的词可以分成语法词、词汇词和连写词三类，语法词具有不可扩展性，词汇词是从词汇学的角度确定的，有专指意义和专门意义，包括成语、熟语、谚语等；连写词是指拼音的连写词。

冯志伟在谈分词单位时指出，语言学理论上词的定义存在着相互矛盾、不能自圆其说的严重缺陷，使得语素、词和词组的界限划水难分[43]。他定义了形式词，形式词注重词的形式因素（包括语法方面的和非语法方面的），并着重谈了非语法方面的语义因素、语音语素及语言学之外的原则。

最早的藏语文本分词原则由罗秉芬、江荻在 1999 年提出[29]，文章提出了十七个一级原则、十一个二级原则和四个三级原则，总共三十二个原则。涉及标点、成语、缩略语、外来符号、外来音译、前后缀、复数标记、藻词、动词的语尾助词、重叠、中嵌、复合数词、格标记等，这个分词原则基本上奠定了藏文分词原则的基础，但是也存在一些问题，如动词的前置、中嵌的否定词为分词单位，ཤ་མ་སོན་ ཡིན་ལ་མ་ཡིན་ ཤེས་ལ་མ་ཤེས།

 གཏད་ནོར་ཤེས་ལ་མ་ཤེས་ཀྱི་སྐབས་ནས་ཆོས་མེད་ཀྱི་སྐྱ་གདངས་ནས་འཛིན་ཤུར་དགར་པོ་ཤྲེད་པ་དང་ 中的 ཤེས་ལ་མ་ཤེས་ 整体句法功能相当于一个名词化标记，如果把它们切成 སྐབས་ཚ་གདང/ཤེས་ལ/ /མ/ཤེས/ཀྱི/སྐབས/，问题有两个：意义不完整、语法结构不合理，出现动词后有属格标记。

གསལ་བ་ལ་མ་གསལ་　དཀར་རར་མི་དཀར་ 等被切分开。

ནམ་གསལ་བ་ལ་མ་གསལ་བར་སོང་（天已蒙蒙亮）中如果被切分，很难理解。

2009 年，扎西加、珠杰[31]讨论了面向信息处理的藏文分词规范，根据他们的描述，把藏文分词规则概括为基本原则和细则，基本原则一级有 14 个，基本原则二级有 17 个，细则一级有 35 个，二级 41 个、三级 7 个。这个分词原则是目前最细致的，但是操作性不是很强，例如以第一个基本原则来说"能够区别意义的一个音素构成的词作为切分单位"这条原则就很难操作，比如对" བོད་རང་སྐྱོང་ལྗོངས་"的切分仍然面临两难。

为了明确分词单位的问题，关白对藏语分词单位进行了研究[30][32]，也描述了一套原则，包括基本原则 9 个，辅助原则 3 个，值得提出的是作者用"使用频率高或共现率高的字符串被视为一分词单位"这样的描述，可以说对信息处理用分词单位有了进一步的认识。最后根据词性分类给了细致的描述，包括 16 个一级原则和 37 个二级原则。藏文分词原则的讨论从大的方面来看，各种分词原则有一致性，但是对具体细则的讨论有一定的分歧，这个分歧可以概括为，不同的研究者对藏语语法体系的认识不同，这种分歧体现在民族学者与非民族学者；另一种分歧在对具体语法现象的认识上不一致，这种分歧在不同的研究者之间都存在。我们觉得目前囿于讨论分词原则不利于解决实际问题，在当前统计分词方法占优势的情况下，构建一个权威的分词语料库，把各种分词原则融入切分语料库中，并充分考虑语言信息处理的需要。分词只是过程不是目的，分词的目的是便利机器处理，分词原则也要适应这个需求，在大体符合语法的基础上，能够为后续机器处理语言提供便利，这样的原则就应该提倡；同时，一以贯之的分词原则也不是必需的，建设语料库目的是服务于语言学研究，分词可以遵循语言学的词，切分得细致可能更好；服务于藏汉机器翻译的切分原则可以适当放宽，切分成相对大一点的块可能更好的生成译文。从汉语分词来看，北京大学计算语言学研究所开发的人民日报标注语料库、中科院计算所的分词软件、教育部语言文字应用研究所建设的国家语料库的切分都遵循了自己的原则，而并不与国家标准完全一致。

汉语分词研究者为了比较和评价不同方法和分词系统的性能，要求在统一平台上开展分词评测研究。第四十一届国际计算语言联合会（41st Annual Meeting of the Association for Computational Linguistics, 41th ACL）下设的汉语特别兴趣研究组（the ACL Special Interest Group on Chinese Language Processing, SIGHAN）负责国际汉语分词的评测工作。SIGHAN 评测采取大规模语料库测试，进行综合打分的方法，语料库和标准分别来自北京大学（简体版）、宾西法尼亚大学（简体版）、台湾"中研院"（繁体版）、香港城市大学（繁体版）（另附相应的分词规范）。每家标准分两个任务（Track）：受限训练任务（Close Track）（封闭测试），非受限训练任务（Open Track）（开放测试）。

汉语分词通过统一平台测试评比，迅速推动了各种分词技术的快速发展，目前汉语分词的难题基本解决，分词准确率基本达到实用的效果。藏文分词也急需要一个公共评测语料库和统一评测平台。

3.2　藏语分词原则的操作

随着藏语分词技术的更新，研制统一的词表已经不再是主流思想，但是开发一个分词公共语料库却始终少不了，本书撰写中，作者以中小学教材的部分语料为研究对象，加工了一个通用的分词语料库，在人工分词的过程中也遵循了一定的规则。下面将详细阐述。

3.2.1　藏语分词总原则

通过分析前人提出的分词原则，并根据实际研究需要，本书作者总结了如下几条分词规定。

1. 分词单元的确定。分词单元，它包括语言学上定义的词、短语、固定结构、特殊符号等。

用一张统一的词表去分词已经不适合现在的分词技术研究。大多数分词使用统计学习方法，因此不再事先制定一个规范词表。在训练语料人工切分时确定分词单元。这样做的好处是充分考虑了上下文语境，注重一个分词单元概念的完整性。

2. 概念完整性原则，是指在具体的语句中，尽管一个分词单元在形式上可以继续切分，但如果切分开，表达不出整体的意义时，不再切分。

例（1）ང་ཡི་ཆུ་ཚོད་འཁོར་ལོ་ལྟར་ན་ད་ལྟ་དུས་ཚོད་བཞི་རེད།

据我的表，现在是四点。

本例中的 ཆུ་ཚོད་འཁོར་ལོ "表"是一个完整的概念，ཆུ་ཚོད "时间"和 འཁོར་ལོ "转盘、车轮"分别可以独立成词，但是切分后两个词的意义表达不出"表"这个概念，因此在本句中不做切分。

3. 语法一致性原则，是指在具体语境中要考虑语法结构的合理性和一致性。有些结构在一定的语言环境中可以作为一个分词单元，但是在另一种语言环境中又不能作为一个分词单元，因此需要考虑分词单元的分布特征。如：ཚོགས 这个结构在例子（2）中作为一个分词单元，但在例子（3）中不能作为一个分词单元。

例（2）ང་ཚོ་/rh དང་/ksམཉམ་འབྲེལ་བྱེད་/v ཐུབ་/v a/h མི་/kg རིགས་རྒྱལ་ཁ་/ng འཛིན་ཤུགས་ཆེ་ས་/ng དང་/c དེ་/rd a/kg ཚོ་ནས་བྱུང་/ng ཉེ་ས་/ng གང་ཆེ་བའི་/a ཞིག /m ཚོ་/rh a/kg ཚོ་ཡང་/ng ང་/kx ཚང་/v ཐུབ་/v a/h ཚོ་/kg བའི་གྱི་/ng ས་ཡང་ན་/c ཁོ་ཚོ་/rh ཚུདང་/ng ཚོ་/v བཟོག /ng བཟོག /ue ཞིང་/v བྱེ་/c

争取与我们能联合的民族资产阶级和这些尽可能多的代表人士站在我们一方或者他们中立。

例（3）རིན་དུ་/d ཚོ་/ng འཕེལ་ཞིག /m ལས་ལ་འཆར་/iv ཡར་/c ཚོ་ཚོ་/ng གསར་/a ལའི/ng གཅིག /m ཚོ་/v བཟས་/c ཚོ་/ng ཚོ་/ns ལ་ལ ཚོ་/a ལ ཚོ་/kg ཚོ་ **ng** ཚོ་/v ཀྱི་ཡོང་/t /xp

许多产品，往往不要几年的时间就有新一代的产品来代替。

例子（2）中 ཚོ་ "代表" 属于名词范畴，它前面有属格标记 ཞི，要求后面接名词或名词性结构。ཚོ་གྱི 修饰 ཚོ་ 构成一个偏正关系的名词性结构，ཚོ་གྱི 作为一个分词单元符合语法的一致性。例子（3）中的 ཚོ་གྱི 前面也有属格标记 ཞི，要求后面接名词或名词性结构，即从前面语法结构要求看，如果 ཚོ་གྱི 作为分词单元，则 ཚོ་གྱི 为名词；但是从后面 ཀྱི་ཡོང 看，ཚོ་གྱི 为动词，因此前后语法要求矛盾，合理的切分为 ཚོ་/ng ཚོ/v，ཚོ་/ng "替代"，གྱི/v "作"，这样就可以满足前后语法一致性的要求。

4. 让步性原则，所谓让步是指在具体处理中，不在某些语法规定上纠缠，以实用性为主导，做适当的让步。如例子4中的 ཅས 在分词时作为一个分词单元。如果从语法上考虑，这个 ཅས 比较复杂，首先 ཅ 是对前面整个句子中动词性结构的名词化，然后加具格标记 ཅིས，简缩写作 ཅ，这里的 ས 表示原因，如果按照这样分析，分词时 ཅས 就应该切分为 ཅ/ས，但是实际上这里的 ཅས 简单理解为一个小句间的关联词，可以简单处理为小句间连词。与此类似的还有 ཅས/ཡར/ཡར/ཅ/དང/ཕ/དང 等。

例（4）ལྷ་མོ་ཚོ་/nh ར་/kp དུང་/ng ཚོ་/v ཚོ/c ཚེ་ག་/ng ཀ/ka ཚོ་/rh ཀ/kd ཚོ་འཐབ་ཚོ་/v ཀྱི་/h ཞེ/vl /xp

拉姆措病了，她将得到医生的治疗。

例（5）ཚོ་ཚར་/iv /xp ཚ་/rh ཀ/ka ཚེ ཚ/ns དང་/c གས་ཉིས་/ns /xp ཚ་ཚོ་/ns ཚ་/ue ཞིང་ཅ་གཟུགས/

in འཕྲོས་མཆམས་/ng༄/kgས་ཚ་/ng འབར་/m རྙེ་ཐབས་/ng ག་ནས་/m གུད་/v པ་དང་/c/xp དུ་ལའི་ཆོགས་/
in ཀྱིས་/ka ཀན་སྐྱལ་/ng དང་/c ཚས་འགོད་/ng ས་/v པ/h ི་/kg རང་བཞིན/ng ཉིད་ཉིན་/ng དང་/nd འདས་ཚོགས་/
ng དང་/v པ་དང་/c/xp རང་བཞིན/ng ས་/kd ལ་སྐྱལ་/ng དང་/c ཚས་འགོད་/ng ི/v ས/h ི་/kg བཞིས་འཕལ་/
ng ར་/kd རུང་རེག་དང་/v ཡིན/t xp

比如我们在四川、甘肃、青海三省交界的少数地方，采取了一些措施，对达赖集团煽动、策划自焚事件进行了压制，对煽动、策划自焚的违法分子进行了打击。

例（6）c/rh ས/ka ཀྲུ ཞིབ་ཚན/vo ན/c ས་ཚ་/ng ཀྲུང་ནས་/a ས/kl རང་བཞིག/ng ཡང་ཡང་/d རུ་/v ེ/h ི་/kg འཕལ་ཚོགས/ng ཆུ་ནས་/d ེ/a ར་/ub བཞིན་/vo ཞིང་/t ས ར་ཡང་/c རུ ར་ཡང་/d ེ་/ng ེ/rd ི་/kg ཆར་/ng ཞེ/v ན/c གར་འགོད་/ng ེ་དག་/rd ི/kx ས མཚན་/v ེ་/c རྩེ་ཚོ་/ng གན་ཡང་/rw ཡང་/ve ཞེ/dn ཞིང་/va/xp

我分析，大约是因为少数地方自焚频发多发态势已彻底压下去了，再提这一问题，对那些记者来说已经没什么意思了。

这些规定经实践不仅在分词、标注中具有可操作性，而且在机器翻译中也比较实用。

3.2.2　藏语分词细则

下面我们将谈谈人工切分语料库中的一些具体处理细则。

1.关于黏写形式的处理

黏写形式实质上是两个词的紧缩形式，这种现象并不是语言问题而是文字拼写问题，它与黏着语中的黏着现象具有明显差别，如果称之为黏着形式就会与黏着语中的黏着混同，造成不熟悉藏语的人认为这和黏着语似乎一样。同时使用紧缩词，也不科学，首先紧缩后它不是一个词，而是两个词，只是在形式上表现为一个音节字，如果是一个词就会有词义，但黏写形式不具有明确的词义；称之为紧缩格更是值得商榷，它也不单单是一个格的问题，还包括其他非格的黏写形式，传统藏语研究中格与非格的划分本来就界限不清，再把黏写形式完全与格纠缠在一起，使问题更加复杂化。我们使用黏写形式这一概念其理由是，"黏"表明了其形式上黏附特征，"写"

又说明了其性质是书写问题而不是语言问题，"形式"表明了它们不是一个"词"和一个"格"。这就更加合理地描述了这一现象。黏写形式一般需要切分处理。常见的黏写形式及处理策略如下：

（1）格标记 ས（-s）形成的黏写形式需切分

a）施格 ས（-s）需切分

ཞིང་པ་ཚོས་བྲེལ་འཚབ་ཆེན་པོས་བཙས་མ་རྔ་ཞིང་། （zhing pa tshos brel vtsha chen pos btsas ma rnga zhing.）

ཞིང་པ་/ ཚོ/ ས/ བྲེལ་འཚབ/ ཆེན་པོ/ ས/ བཙས་མ/ རྔ་/ ཞིང་/།

农民们忙碌地收割。

b）原因格 ས（-s）需要切分

ཉིན་ཞིག་ཁོ་གཉིས་ཀྱི་ཁྱིམ་མཚེས་མ་མེ་ཤོར་པས། （nyin zhig kho gnyis kyi khyim mtshes me shor pas.）

ཉིན་/ ཞིག/ ཁོ་/ གཉིས་/ ཀྱི/ ཁྱིམ་མཚེས་/ ལ/ མེ་ཤོར་/ པ/ ས/།

一天他俩的邻居家失火的原因。

c）施格 ས（-s）切分后需要补充字母 འ（va）

ཨ་ཞང་ཚེ་དགས་མཐོང་འཕྲལ་དོ་སྣང་ཆེན་པོའི་ངང་"རིན་ཆེན་རང་ད་དུང་མགོ་པོ་ན་གི་འདུག་གམ། （a zhang tshe dgas mthong vphral do snang chen povi ngang " rin chen, rang da dung mgo po na gi vdug gam.）

ཨ་ཞང་/ ཚེ་དགའ/ ས/ མཐོང་/ འཕྲལ་/ དོ་སྣང་/ ཆེན་པོ/འི་/ ངང་/"རིན་ཆེན་/། རང་/ ད་དུང་/ མགོ་པོ་/ ན་/ གི/ འདུག/ གམ/།

ཨ་ཞང་/ ཚེ་དགའ/ ས/ མཐོང་/ འཕྲལ་/ དོ་སྣང་/ ཆེན་པོ/འི་/ ངང་/"རིན་ཆེན་/། རང་/ ད་དུང་/ མགོ་པོ་/ ན་/ གི/ འདུག/ གམ/།

次嘎舅舅看见后，很在意的样子问，仁钦，你还头痛吗？

d）工具格，ས（-s）需切分

བོད་ཞི་བས་བཅིངས་འགྲོལ་བཏང་ནས་ལོ་60འཁོར་བར་རྟེན་འབྲེལ་ཞུ་བའི་ཚོགས་ཆེན་ཐོག་གི་གསུང་བཤད། （bod zhi bas bcings vgrol btang nas lo 60 vkhor bar rten zhu bavi thogs chen thog gi gsung bshad.）

བོད་/ ཞི་/ བ/ ས/ བཅིངས་འགྲོལ་/ བཏང་/ ནས་/ ལོ་/60/ འཁོར་བ/ ར/ རྟེན་འབྲེལ་/ ཞུ/ བ/འི་/ ཚོགས་ཆེན་/ ཐོག་/ གི་/ གསུང་བཤད/།

庆祝西藏和平解放六十周年大会上的讲话。

（2）属格标记 འི（-vi）黏写形式需要切分

a）属格构成的黏写形式直接切分

 སྟེགས་བུའི་མདུན་དུ་ཚོག་པུར་བསྡད་ཅིང་ཤོག་བུ་དེ་སྟེགས་བུའི་སྟེང་དུ་བཏིང་། （stegs buvi mdun du tsog pur bsdad cing shog bu de stegs buvi steng du bting.）

སྟེགས་བུ/འི/མདུན་/དུ་/ཚོག་པུ་/ར་/བསྡད་/ཅིང་/ཤོག་བུ་/དེ་/ སྟེགས་བུ/འི/ སྟེང་/དུ་/བཏིང་/།/

孤单地坐在台子前，把纸铺在台子上。

b）属格形成的黏写形式切分后需还原

ཨ་ཞང་ཚེ་དགའི་ཁྱིམ་གྱི་འཛིན་ཆས་རྣམས་ནི་དེ་བས་མཚེས་སྡུག་ལྡན་པར་གྱུར། （a zhang tshe dgavi khyim gyi vdzin chas rnams ni de bas mtses sdug ldan par gyur.）

ཨ་ཞང་/ཚེ་དགའ/འི/ཁྱིམ་/གྱི་/འཛིན་ཆས་/རྣམས་/ནི་/དེ་/བས་/མཚེས་སྡུག་ལྡན་པ/ར་/གྱུར།

ཨ་ཞང་/ཚེ་དགའན/འི/ཁྱིམ་/གྱི་/འཛིན་ཆས་/རྣམས་/ནི་/དེ་/བས་/མཚེས་སྡུག་ལྡན་པ་/ར་/གྱུར།

次嘎舅舅的家里的家具变得更加美丽。

c）命名实体中的音译与属格同型的不切分

རང་སྐྱོང་ལྗོངས/ཀྱི་/རྒྱུན་ལས་ཀྲུའུ་ཞི་གཞོན་པ་བློ་བཟང་རྒྱལ་མཚན་དང་རང་སྐྱོང་ལྗོངས་ཀྱི་ཀྲུའུ་ཞི་གཞོན་པ་ལིའི་ཀྲུའོ་སོགས་ ཚོགས་འདུར་ཞུགས་པ་རེད། （rang skyong ljongs kyi rgyun las gruvu zhi gzhon pa blo bzang rgyal mtshan dang rang skyong ljongs kyi gruvu zhi gzhon pa livi krvo sogs tshogs vdur zhugs pa red.）

རང་སྐྱོང་ལྗོངས་/ཀྱི་/རྒྱུན་ལས་/ཀྲུའུ་ཞི་/གཞོན་པ་/བློ་བཟང་རྒྱལ་མཚན་/དང་/རང་སྐྱོང་ལྗོངས་/ཀྱི་/ཀྲུའུ་ཞི་/གཞོན་པ་/ལིའི་ ཀྲུའོ/སོགས་/ཚོགས་འདུ/ར་/ཞུགས་/པ་/རེད་/།/

自治区常务副主席洛桑江村，自治区副主席李昭等领导出席会议。

其中 ལིའི་ཀྲུའོ（livi kravo）中的 ལིའི་（livi）不能切分。

（3）由 ལ་དོན（la don）变体形成的黏写形式区别对待

a）ལ་དོན（la don）作为格标记构成的黏写形式要切分

ང་ཚོའི་གྲོང་ཚོར་ཁྲིད་རོགས་གནང་། ང་མུ་མཐུད་དུ་གནས་འདིར་སྡོད་ཐུབ་པ་མི་འདུག （nga tshovi grong tshor khrid rogs gnang, nga mu mthud du gnas vdir sdod thub pa mi vdug.）

ང་ཚོ/འི/གྲོང་ཚོ/ར་/ཁྲིད་/རོགས་/གནང་/།/ང་/མུ་མཐུད་/དུ་/གནས་/འདི/ར་/སྡོད་/ཐུབ་/པ་/མི་/འདུག

把我带到我们村子里，不想在这里继续住了。

b）ལ་དོན（la don）变体形成的黏写形式需还原

གང་སར་བྱེ་རྡུལ་འཚུབ་ནས་ནམ་མཁར་རྡུལ་གྱིས་ཁེངས། （gang sar bye rdul vtshub nas nam mkhar rdul gyis khengs.）

གང་ས་ར་བྲེ་རྩུབ་འཆུར་ནས་**ནམ་མཁའ་ར་**རྡུལ་གྱིས་ཁེངས།

གང་ས་ར་བྲེ་རྩུབ་འཆུར་ནས་**ནམ་མཁའ་ར་**རྡུལ་གྱིས་ཁེངས།

到处沙尘飞舞，天空中布满尘土。

c）由 ལ་དོན（la don）与 པ་、བ（pa、ba）构成 པར་、བར（par、bar）需要切分。

གློ་བུར་དུ་རི་བོང་ཞིག་གང་ནས་ཐོན་པ་མ་ཤེས་**པར་**གནས་དེར་བརྒྱུགས་ནས་ཝོངས་ཤིང།（glo bur du ri bong zhig gang nas thon pa ma shes par gnas der brgyugs nas vongs shing.）

གློ་བུར་དུ་/རི་བོང་/ཞིག་/གང་ནས་/ཐོན་/པ་/མ་/ཤེས་/པ་ར་/གནས་/དེ་ར་/བརྒྱགས་/ནས་/ཝོངས་/ཤིང་/།

突然一只山兔不知从何处跑到这里来了。

d）由 ལ་དོན（la don）充当助词时，通常需要切分。

ཉི་མ་དང་ཟླ་བ་ཡང་སྤྲིན་གྱིས་བསྒྲིབས་ཏེ་གསལ་ལ་མི་གསལ་**བར་**འགྱུར།（nyi ma dang zla ba yang sprin gyis bsgribs te gsal la mi gsal bar vgyur.）

ཉི་མ་/དང་/ཟླ་བ་/ཡང་/སྤྲིན་/གྱིས་/བསྒྲིབས་/ཏེ་/གསལ་ལ་/མི་/གསལ་/བ་ར་/འགྱུར་/།

太阳与月亮也被乌云遮挡了后变得模糊不清。

（4）由连词（副词）འང（-vang）和 འམ（-vam）形成的黏写形式需切分。

དེར་ཡོད་པའི་མི་ཐམས་ཅད་ལ་**གསུངས་པ་འང་**རེད།（der yod pavi mi thams cad la gsungs paving red.）

དེ་/ར་/ཡོད་/པ་འི་/མི་/ཐམས་ཅད་/ལ་/**གསུངས་/པ་/འང་**/རེད།

这也是这里所有的人所说的。

但如果一个词或者短语在句中表关联作用，且通常放在句子的开始时则不需要切分如：

ཡིན་ནའང་ཁ་སང་གི་མི་དེ་དང་མདང་དགོང་གི་ཚིག་རྩོད་དེས་ང་ལ་ཉིན་ཐོ་འབྲི་བའི་མོས་འདུན་དྲག་པོ་ཞིག་སྐྱེས་སུ་བཅུག་སྟེ།
（yin navang kha sang gi mi de dang mdang dgong gi tshig rtsod des nga la nyin tho vbri bavi mos vdun drag po zhig skyes su bcug ste.）

ཡིན་ནའང་/ཁ་སང་/གི་/མི་/དེ་/དང་/མདང་དགོང་/གི་/ཚིག་རྩོད་/དེ/ས་/ང་/ལ་/ཉིན་ཐོ་/འབྲི་/བ་འི་/མོས་འདུན་/དྲག་པོ་/ཞིག་/སྐྱེས་/སུ་/བཅུག་/སྟེ།

但是，昨天晚上同一个人发生了一场争吵，使我萌发了强烈的写日记的愿望。

以 ཡིན་ནའང་（yin navang）为例，有时候 ཡིན་ནའང་（yin navang）需要切分为 ཡིན/ནའང་（yin/navang），如：

ངས་དོན་དག་གང་འདྲ་ཞིག **ཡིན་ནའང་**བསམ་བློ་གཏན་ནས་མ་བཏང་བར་རྩོམ་འབྲི་ཐུབ་ཀྱི་ཡོད།（ngas don dag gang vdra zhig yin navang bsam blo gtan nas ma btang bar rtsom vbri thub kyi yod.）

ང་ས/དོན་དག/གང་འདྲ/ཞིག/**ཡིན/ནའང་**/བསམ་བློ/གཏན་ནས/མ/བཏང་/བར/རྩོམ/འབྲི/ཐུབ/ཀྱི་ཡོད/།

我什么内容根本不想也能写出来。

藏语的结果助词与方式助词在结构位置上非常相似，怎样区别补语和状语从形式上很难判断，需要考察语言环境，主要需考察动词的性质，我们在操作的时候主要看动词是否带有对象宾语。如果动词带有对象宾语（可以省略），一般是方式助词，反之为结果助词。例如：

ཉི་མ་དང་བླ་བ་ཡང་སྤྲིན་གྱིས་བསྒྲིབས་ཏེ་གསལ་ལ་མི་གསལ་བར་འགྱུར།（nyi ma dang bla ba yang sprin gyis bsgribs te gsal la mi gsal bar vgyur.）

太阳与月亮也被乌云遮挡了后变得模糊不清。

འགྱུར（vgyur）变化动词，事物变化会产生某种结果，因此这里的 ར（r）是结果助词。

ཡོན་ཏན་གྱིས་དལ་བུ་ར་ནག་པང་འགྲམ་དུ་བསྐྱོད།（yon tan gyis dal bur nag pang vgram du bskyod.）

云旦慢慢地去黑板旁边。

其中的 དལ་བུ（dal bu）是表示状态的形容词，表示 བསྐྱོད（bskyod）的一种状态，因此 ར（r）是方式助词。

（5）由句终词 འོ（-vo）形成的黏写形式：

དེ་རིང་/ང་/ས/སྲོག་ཆགས/ཆུང་དུ་/ཁྱོད/ལ/ནུས་སྟོབས/ཅི་འདྲ/ཡོད/པ/**བལྟ་འོ**/ཞེས/ཟེར/།（de ring ngas srog chags chung ngu khyod la nus stobs ci vdra yod pa bltavo zhes zer.）

xx 说："今天我要看看，你这个小动物有什么本领"。

与上述 འི（vi）的特殊情况一样，当前一个音节的后加字为 འ（va）时，终结词与后加字共用 འ（va），如 གདའ་འོ（gdavo），切分开后需要还原处理，其结果为 གངད/ཝ（gdav/vo）。

2. 动词及动词结构的处理

在切分文本时，动词为什么构成了切分的难点呢？这就与对藏语动词的认识和传统藏语词典编撰中对动词的处理有密切关系，如果翻开有名的《藏汉大辞典》附录中的动词形态变化表可以看到，表中列示的每一个动词除了命令式以外都带着语素 པ、བ（pa、ba），这就给读者一个疑问或者是误会，语素 པ、བ（pa、ba）是否是动词不可分割的一部分呢？这个问题看来虽小，但实际上将对文本处理造成很大的问题，前文谈过现有的大部分分词系统中的词表主要来源于这些词典，词典中的问题自然就会带入文本处理中。我们来看看一些具体的例子。

སྐབས་དེ་བི་/སྤྱི་ཚོགས་/དེ་/བཀས་བཀོད་རྒྱུད་འདིན་/གྱི་/སྤྱི་ཚོགས་/སུ་/སླེབས་/པ་བི་/རྟགས་མཚན་/ཡིན་/པས།/（skabs devi spyi tshogs de bkas bkod rgyud vdin gyi spyi tshogs su slebs pavi rtags mtshan yin pas.）

并标志着那时的社会已进到封建社会。

这个句子中动词 སླེབས（slebs），在《藏汉大辞典》[44]中记录的是：སླེབས་པ（slebs pa），如果按照这个记录，下面短语就应该切分和标记为：

བཀས་བཀོད་རྒྱུད་འཛིན་/གྱི་/སྤྱི་ཚོགས་/སུ་/སླེབས་པ་བི་/རྟགས་མཚན་/（bkas bkod rgyud vdizn gyi spyi tshogs su slebs pavirtags mtshan，进入封建社会的标志）。

这种切分和标记将出现两个问题，一是，属格标记 ི（vi）直接黏附于动词 ལེབས་པ（lebs pa）之上，动词+格标记的语法结构在藏语中不符合语法规则，二是句子中出现两个动词（上句核心动词是ཡིན），也导致不合藏语语法规则（单句中出现一个核心谓语动词）。实际上，这里的 པ（pa）是添加在整个动词短语之后的，它是一个名词化标记，其功能是把前一个动词短语名词化后再添加属格标记，整个短语充当 རྟགས་མཚན（rtags mtshan）的修饰语。如果把它用结构图表示出来，སླེབས（slebs）和 པ（pa）并不处于一个层级，སླེབས（slebs）与其前面的名词短语的语义关系更加紧密，切分后更加合理。根据藏语的语法体系，它有一套名词化标记，这套标记作为一个完善的体系，是藏语信息处理中典型的标记系统，可以区分谓语动词短语和非谓动词短语。

藏文文本标题中的动词一般都使用名词化标记，如：

ཕྱུ་དབྱིང་ཅེ་ས/འབྲི་རུ/རྫོང་/ཚྭ་ཆུ/ཤང་/དུ་/བརྟག་ཞིབ/གནང་/བ/། (wuvu dbying ces vbri ru rdzong tshwa chu shang du brtag zhib gnang ba.）

吴英杰去哲如县茶曲乡调查。

一段文本各个分句之间使用名词化标记 པ/བ (pa/ba)，也常常与连词一起使用。如：

ཟླ/11/ཚེས/13/ཉིན/ལྗོངས་དང་ཝུད་/ཀྱི/རྒྱུན་ལས/ཧྲུ་ཅི་/གཞོན་པ/ཕྱུ་དབྱིང་ཅེ་/འབྲི་རུ་རྫོང་/ཚྭ་ཆུ/ཤང་/དུ/ཕེབས་ཏེ/ཞིང་དུད་/ལ/འཚམས་འདྲི་/དང་/དམངས/ཀྱི/གནས་ཚུལ/མཁྱེན་རྟོགས/བརྟན་ལྷིང་/དང་/འཕེལ་རྒྱས/ཀྱི/སྐོར་/གླེང་/བ/། ཞིང་འབྲོག/མང་ཚོགས/དང་/གྲོང་ཚོ/ར/བཅའ་སྡོད/ལས་བྱེད་/ར/བྱམས་བརྩེ/བི་/ངང་/གཟིགས/པ་དང་/འཚམས་འདྲི་/བཅས/གནང་/ནས/"/མང་ཚོགས/ལམ་ཕྱོགས/མཐའ་འཁྱོངས/དང་/ཞི་མཐུན་/འབྲི་རུ་/སྐྲུན་/རྒྱུ/བི་/"/བརྗོད་དོན་/གཙོ་བོ/བི་/སློབ་གསོ/བི་/བྱེད་སྒོ་/སྐུལ་/འདེད་/དང་/དོན་/འཁྱོལ་/བྱས་/ཚུལ་/མཁྱེན་རྟོགས/གནང་/པ་རེད/། (zla 11 tshes 13 nyin ljongs tang wud kyi rgyun las hruvu ci gzhon pa wuvu dbying ce vbri ru rdzong tshwa chu shang du phebs te zhing dud la vtshams vdri dang, dmangs kyi gnas tshul mkhyen rtog, brtan lhing dang vphel rgyas kyi skor gleng ba. Zhing vbrog mang tshogs dang grong tshor bcav sdod las byed par byams brtsevi ngang gzigs pa dang vtshams vdri bcas gnang nas "mang tshogs lam phyogs mthav vkhyongs dang zhi mthun vbri ru skrun rgyuvi "brjod don gtso bovi slob gsovi byed sgo skul vded dang don vkhyol byas tshul mkhyen rtogs gnang pa red.)

3. 关于 བ་དང་ (ba dang)、པ་དང་ (pa dang) 等的处理

有些学者把 བ་དང་ (ba dang)、པ་དང་ (pa dang) 等当作连词，但是又执行得不彻底，在分句的末尾，不但会出现 བ་དང་(ba dang)、བ་དང་(ba dang)，还有 བར་མ་ཟད (bar ma zad)、པར་མ་ཟད (par ma zad)、རྒྱུ་དང་ (rgyu dang)、པ་མ་ཟད (pa ma zad)、བ་དང་ཆབས་ཅིག (ba dang chabs cig)、པ་མ་ཚད (pa ma tshad)、པས་མ་ཚད (pas ma tshad)、པ་སྟེ (pa ste)、པ་དེ (pa de)、པ་ཏེ (pa te)、པར (par)、པ་དང་འབྲེལ (pa dang vbrel)。如果把 བ་དང་ (ba dang)、པ་དང་ (pa dang) 看作分词单位，那么后面这些在分布上与它们相同的字串

也需要看作分词单位。这就需要切分规则手法一致。本研究中，我们统一切分。如：

ཁྱེད་རང་ལ་དགེ་རྒན་གཅིག་ཀྱང་མེད་པར་དྲག་རྩལ་མཁས་པོ་དེ་འདྲས་ཡོང་བ་ཁག་པོ་རེད།། （khyed rang la dge rgan gcig kyang med par drag rtsal mkhas po de vdras yong ba khag po red.）

您没有一个老师，能有这样好的功夫。

འཕེལ་རྒྱས་ལ་སྐུལ་འདེད་གཏོང་བ་བཅས་བྱས་པར་ཐུགས་རྗེ་ཆེ་ཞུས་པ་དང་འབྲེལ་ཞེས་འདི་ཡང་གཏང་བ་རེད།། （vphel rgyas la skul vded gtong ba bcas byas par thugs rje che zhus pa dang vbrel）

值得注意的是 བ་དེ（ba de）的用法有些差异，有时候它不是小句之间的关联，而是关系化指示词，例如：

ཕྱུག་པོས་དབུལ་པོའི་མགོ་བོ་གནོན་པ་བཅས་བྱས་ན་མིའི་བློར་འབབ་ཀྱི་མེད་པ་དེ་ང་ཚོས་ལོ་རྒྱུས་ཀྱི་ཉམས་མྱོང་ལས་ཤེས་ཐུབ། （phyug pos dbul povi mgo bo gnon pa bcas byas na mivi blor vbab kyi med pa de nga tshos lo rgyus kyi nyams myong las shes thub.）

历史的经验告诉我们，以富压贫，就不得人心。

其中 པ（pa）相当于一个关系化标记，དེ（de）表示指代，它们使整个小句 ཕྱུག་པོས་དབུལ་པོའི་མགོ་བོ་གནོན་པ་བཅས་བྱས་ན་མིའི་བློར་འབབ་ཀྱི་མེད （phyug pos dbul povi mgo bo gnon pa bcas byas na mivi blor vbab kyi med）充当了主句核心动词的宾语。考虑到句法因素，这种情况也需要切分开，པ་སྟེ（pa ste）、པ་ཏེ（pa te）中 སྟེ（ste）、ཏེ（te）也具有指代功能。

关于 པར（par）和 བར（bar）的用法更复杂，在实际分词中遇到的困难更多，是否需要对 པར 和 བར 切分开，需要分类考察。构成 པར（par）和 བར（bar）的情况有：

（1）པ、བ（pa、ba）为词缀，ར（ra）为格标记的情况，包括对象格、位格和方向格，需要切分。

སྐད་ཆ་དེ་རིགས་ལོ་རབས་དགུ་བཅུ་པར་ཤོད་མི་རུང་ལ་དུས་རབས་རྗེས་མའི་ལོ་རབས་ལྔ་བཅུ་པའི་དུས་སུའང་ལས་སླ་པོར་ཤོད་མི་རུང་། （skad cha de rigs lo rabs dgu bcu par shod mi rung la dus rabs rjes mavi lo rabs lnga bcu pavi dus suvng las sla por shod mi rung.）

不但九十年代不能说这个话，而且下个世纪的前五十年也不能

轻易说这个话。（时间位格）

རྒན་པར་གུས་ཤིང་/གཞོན་པར་ བྱམས་སྐྱོང་བྱེད་པ་སོགས་རྒྱུན་གཏན་ཅན་དུ་འགྱུར་བ་བྱེད་དགོས་རེད་ད།（rgan par gus shing gzhon par　byams skyong byed pa sogs rgyun gtan can du vgyur ba byed dgos red da.）

尊老爱幼等要变为平常。（对象格）

པར་བརྟེན་（par brten）中的 པར་（par）需要切分，这里的 ར་（ra）是对象格标记。

ཞིང་པའི་གནད་དོན་དེ་གལ་ཆེན་པོ་ཡིན་པ་ཤེས་ཐུབ་པར་/བརྟེན་/གྲོང་གསེབ་ཀྱི་ཝོས་ལངས་དེ་ད་ལྟ་རྒྱལ་ཡོངས་ཀྱི་གཞི་ཁྱོན་དུ་འཕེལ་རྒྱས་འདི་འདྲ་ཡོང་བའི་རྒྱུ་མཚན་ཡང་ཤེས་ཐུབ།（zhing pavi gand don de gal chen po yin pa shes thub par brten grong gseb kyi vos langs de da lta rgyal yongs kyi gzhi khyon du vphel rgyas vdi vdra yong bavi rgyu mtshan yang shes thub.）

（2）པ་、བ་（pa、ba）为词缀，ར་（ra）为表示结果的助词，需要切分。

བྲི་ཐུབ་པའི་དབང་དུ་བཏང་ནའང་"/ཐ་དད་པ་ར་"བརྩིས་ཏེ་གྲོས་འཆམས་ཀྱང་ལས་སླ་པོར་བྱེད་མི་ཐུབ།（bri thub pavi dbang du btang navng "tha dad par brtsis te gros vchams kyang las sla por byed mi thub.）

写出来，也很不容易通过，会被看作"异端"。

（3）པ་、བ་（pa、ba）为名词化或者为关系化标记，ར་（ra）为表示结果的助词，需要切分。如：

གོ་མིན་ཏང་གཅིག་པུས་སྲིད་དབང་སྒེར་འཛིན་བྱེད་པ་དེ་མེད་པ་ར་བཟོས་ནས་དམངས་གཙོའི་མཉམ་འབྲེལ་སྲིད་གཞུང་འཛུགས་དགོས།（go min tang gcig pus srid dbang sger vdzin byed pa de med par bzos nas dmangs gtsovi mnyam vbrel srid gzhung vdzugs dgos.）

废止国民党一党专政，建立民主的联合政府。

（4）པ་、བ་（pa、ba）为词缀，ར་（ra）为表示方式的助词，需要切分。如：

ཕྱིན་ཆད་ཁོ་ཚོར་སློབ་གསོ་བྱ་རྒྱུར་ཤུགས་སྣོན་བརྒྱབ་ནས་ལས་ཀ་བྱེད་རིང་དུ་རྒྱུན་ཆད་མེད་པ་ར་ཡར་ཐོན་ཡོང་བ་བྱ་དགོས།（phyin chad kho tshor slob gso bya rgyur shugs snon brgyab nas las ka byed ring du rgyun chad med par yar thon yong ba bya dgos.）

今后应当加强对他们的教育，使他们在工作中不断地获得进步。

（5）པར་、བར་（par、bar）连接两个动词，构成目的关系，有时候 པར་（par）、བར་（bar）由 གག（gag）或 ག（ga）替代，不需要切分。这种现象在文本中比较少，仅仅局限在口语材料中。

ཨོ་ན་ཁྱེད་རང་ཁ་སིང་ཞོགས་པ་གཅིག་གྲོང་པའི་ཨ་ཅག་ལགས་ས་ལ་ཚྭ་ཉོ་རྒྱུའི་དངུལ་གཡར་**བར་སླེབས་འདུག་ག**（vo na khyed rang kha sing zhogs pa gcig grong pavi a cga lags sa la tshwa nyo rgyuvi dngul g-yar bar slebs vdug ga.）

那么，您上次一天早晨到邻居大姐那里来借买盐的钱呢？

བྱས་ན་ང་སང་ཉིན་ལྷ་སའི་ཡུལ་ལྗོངས་གསར་པར་ལྟ་** གག་འགྲོ་གི་ཡིན**（byas na nga sang nyin lha savi yul ljongs gsar par lta gga vgro gi yin.）

明天我一定去参观一下拉萨的新市容。

（6）当 པར་、བར་（par、bar）作为分句之间的连接词时，需要切分。

གལ་སྲིད་ལས་འཁྱུར་ངལ་གསོ་མ་བྱས་**པ་ར་ལས**་གནས་ཐོག་ཚེ་ལས་འདས་པ་ཡིན་ན་འཛམ་གླིང་ཐོག་ལྟ་སྟངས་ཅི་འདྲ་འབྱུང་སྲིད་པ་བཤད་དཀའ།（gal srid las vkhyur ngal gso ma byas par las gans thog tshe las vdas pa yin na vdzam gling thog lta stangs ci vdra vbyung srid pa bshad dkav.）

如果不退休，在工作岗位上去世，世界上会引起什么反响很难讲。

（7）པར་、བར་ 与 བྱ་、བྱེད་、བྱས་，一般作为一个整体，但是考虑到后续的标注便利，我们采取了切分的方案。

ཀྲུང་གོའི་ད་ལྟའི་གནས་ཚུལ་ཤེས་/**བ་ར་བྱ**/དགོས་པར་མ་ཟད་ཀྲུང་གོའི་ཉེ་སྔོན་དང་སྔ་རབས་ཀྱི་གནས་ཚུལ་ཡང་ཤེས་/**བ་ར/བྱ་**དགོས།（krung govi da ltavi gans tshul shes par bya dgos par ma zad, krung govi nye sngon dang snga rabs kyi gans tshul yang shes par bya dgos.）

就会明白农民问题的严重性，因之，也就会明白农村起义何以有现在这样的全国规模的发展。

4. 关于 པས་（pas）和 བས་（bas）的处理

པས་（pas）和 བས་（bas）的由 པ་（pa）、བ་（ba）和 ས་（sa）构成，需要把 པ་（pa）、བ་（ba）和 ས་（sa）切分开。如：

ངལ་རྩོལ་མི་དམངས་རྣམས་ལོ་སྟོང་ཕྲག་ཏུ་མའི་རིང་ལོག་སྤྱོད་དབང་སྒྱུར་གྲལ་རིམ་གྱི་མགོ་སྐོར་དང་འཇིགས་སྐུལ་ནང་དུ་ཚུད་ཚུད་པར་བསྡད་**པ**ས་རང་ཉིད་ཀྱི་ལྒ་ཏུ་མེ་མདའ་འཛིན་དགོས་པའི་གལ་ཆེའི་རང་བཞིན་དེ་ལས་སླ་པོར་རྟོགས་མི་ཐུབ། (ngal rtsol mi dmangs rnams lo stong phrag du mavi ring log spyod dbang sgyur gral rim gyi mgo skor dang vjigs skul nang du tshud tshud par bsdad pas rang nyid kyi lga tu me mdav vdzin dgos pavi gal chevi rang bzhin de las sla por rtogs mi thub.）

劳动人民几千年来上了反动统治阶级的欺骗和恐吓的老当，很不容易觉悟到自己掌握枪杆子的重要性。

དེ་ནས་ཐན་སྐྱོན་དང་སེ་རའི་གནོད་སྐྱོན་ཅི་དགའ་བསྟུད་མར་བྱུང་**པ**ས**མ་ཚད་**ཁྲལ་དང་ཝུ་ལྒ་མང་པོ་རྒྱུག་དགོས་ཡོད་ཚང་། (de nas than skyon dang se ravi gnod skyon ci dga bstud mar byung pas ma tshad khral dang vu lga mang po rgyug dgos yod tsang.）

因连年遭旱灾和雹灾，还要支应繁重的乌拉差役。

པས་རེད (pas red)、བས་རེད (bas red)、བས་ཡིན (bas yin)、པས་ཡིན (pas yin) 需要单独切分。

གང་ཡིན་ཟེར་ན་དམག་དཔུང་ལ་དམག་དཔུང་རང་ཉིད་ཀྱི་ཁྱད་ཆོས་ཡོད་**པ**ས**རེད** (gang yin zer na dmag dpung la dmag dpung rang nyid kyi khyad chos yod pas red.）

军队有军队的特点。

དབྱིན་ཇིའི་ཕྱི་འབྲེལ་པུབུ་ཡི་འབྲེལ་ཡོད་མི་སྣས་བརྗོད་པར་དེའི་སྐོར་ལ་ཀྲུང་གོས་སྐབས་སྐབས་སུ་དབྱིན་ཇིའི་སྲིད་བློན་གྱིས་ཏཱ་ལའི་བླ་མར་ཐུག་འཕྲད་བྱས་**པ**ས**ཡིན**ཞེས་བརྗོད་ཀྱི་འདུག་ལ། (dbyin jivi phyi vbrel puvu yi vbrel yod mi snas brjod par, devi skor la krung gos skabs skabs su dbyin jivi srid blon gyis taa lavi bla mar thug vphrad byas pas yin zhes brjod kyi vdug la,）

有时候中国方面表示，这是因为（首相）会晤达赖喇嘛一事。

5. 关于三音动词结构的处理

三音动词结构在现代书面藏语文本中是比较突出的一个特征，能产性强，结构又不是很稳定，在分词中一直难以处理。三音动词的结构通常由双音名词+动词后缀构成，双音名词往往是一个结构稳定的词，双音名词和动词之间也可以插入其他的词；即使未插入其他词，有时候根据上下文的要求，也需要切分开，根据这些特点，本项研究中约定三音动词结构需要切分开，རྟེན་འབྲེལ་ཞུ（rten vbrel zhu，庆祝），切分 རྟེན་འབྲེལ་/ཞུ（rten vbrel/zhu）、རྟེན་འབྲེལ་/གཟབ་རྒྱས་/ཞུ（rten vbrel gzab rgyas zhu）中的 གཟབ་རྒྱས（gzab rgyas）插入 རྟེན་འབྲེལ་ཞུ（rten vbrel zhu）之间，自然地也切分开。

6. 关于名词化标记的处理

现代藏语的动词或动词短语充当主语、宾语、定语等成分时必须转化成名词性成分，即所谓名词化。名词化的实现一般都有句法上的形式标志，称为名物化标记。例如，པ /བ（pa / ba），原为名词后缀，附在动词过去时形式后面构成动名词，表示与动作有关的事物或东西；རྒྱུ（rgyu），原义为“材料、事物”等意义，附在动词现在时形式后构成动名词或非谓动词短语，表示要做的事情；ཡས/ ཡག（yas/yag 口语形式），原义为“上面，上方”，附在动词现在时形式后使动词名物化，表示动作本身、动作的对象、动作用具等意思。

从语法上说，名词化的句法作用是构成非限定动词形式，一般称为非谓动词短语。但名词化的概念却是语义上的观念，即动作变成了表示动作的指称和事物的词。

藏语名词化标记虽不改变谓词的形式，但其句法作用是使动词或整个动词短语具备了体词性功能。藏语非谓动词短语作为体词性成分是一种使用极为普遍的句法手段，可以出现在除谓语之外的各种句法结构位置上。其内部的构造也十分丰富，有主谓型、述宾型，或者其他类型。在藏语自动分词研究中，正确识别和切分非谓动词短语是最关键的工作之一。

现代藏语中典型的名词化标记数量不多。从词汇语法角度分析，有些标记只具有单一的标记功能，黏附在词根后面起某种语法作用，还有些标记具有较强的词汇意义，能自由地与其他语素结合构成名词或其他词类。

名词化标记有 པ/བ（pa/ba），རྒྱུ་（rgyu）、ཡས་（yas）、མཁན་（mkhan）、ས（sa）、སྟངས（stangs）、སྲོལ་（srol）、ཚུལ་（tshul）、དུས（dus 时候）、ཤུལ（shul 时期）、ལོང（long 闲暇，空闲）、ཐབས（thabs 方法）、བཟོ（bzo

手工，手艺）、ལུགས（lugs 方法、情形）、སེམས（smes 心灵，精神）、ཚད（tshad 数量，标准）、རེས（res 更迭，轮流）。名词化标记是否单独切分需要考虑两个方面的特征，一是词汇意义和语法意义的强弱，二是考虑句法环境。本项研究中，根据这两个特征，处理方式为：

（1）动词或者动词短语加 པ/བ（pa、ba）、རྒྱུ（rgyu）构成的结构未发生转义的，པ/བ（pa、ba）、རྒྱུ（rgyu）作为一个分词单位，如：

འདི་ཆེད་མངགས་ང་མདོག་ཉེས་བཟོས/པ/མ་རེད་པས།（vdi ched mngags nga mdog nyes bzos pa ma red pas.）

国王说：这不是故意丑化我吗？

句中的 བཟོས（bzos）的意义未发生转指，仍然表示"做"，因此名词化标记需要切分。

མ་གཞི་ཁྱེད་རང་གིས་/གསུངས་པ/དག་ག་རེད།（ma gzhi khyed rang gis gsungs pa da ga red.）虽然您说得对。

其中的 གསུངས་པ（gsungs pa）已经发生的转指，意义由"说"变成的"说的内容，话"，这时就不能切分开，其他类似的动词也做相同处理。

（2）动词或动词短语加 སྟངས（stangs）、སྲོལ（srol）、ཚུལ（tshul）、（yas）、ཐབས（thabs）、ལུགས（lugs）、ཚད（tshad）为一个分词单位，如：

ལྟ་སྟངས（lta stangs）、བྱེད་སྟངས（byed stangs）、རྩོམ་སྲོལ（rtsom srol）、འབོད་སྲོལ（vbod srol）、ཟེར་སྲོལ（zer srol）、སྤྱོད་ཚུལ（spyod tshul）、བྱེད་ཚུལ（byed tshul）、ལྟ་ཚུལ（lta tshul）作为分词单位。

（3）动词或动词短语加 སྟངས（stangs）、སྲོལ（srol）、ཚུལ（tshul）、（yas）、ཐབས（thabs）、ལུགས（lugs）、ཚུད（tshud）需要切分，如：མཐོ་རུ་གཏོང་/ཐབས（mtho ru gtong thabs）、ཡོ་བསྲང་བྱེད་/ཐབས（yo bsrang byed thabs）、དམག་འཁྲུག་བྱེད་/ཐབས（dmag vkhrug byed thabs）等，其原因在于动词与前面的名词结合要比名词化标记紧密。

7. 关于体标记的处理

时是根据动作或状态总是发生在一定的时间而选用不同形态的动词来表达，这种表示动作或状态发生的时间或方式的动词形式就是动词的时。体是对动词作语法描写的一个范畴，主要指语法所标记的由动词表示的时间活动的长短或类型。时体标记根据所表达的语法意义可以分成不同的类别，瞿霭堂先生认为卫藏方言拉萨话有六个体，即：现行体、将行体、已行体、即行体、方过体和未行体，后两种在康方言和安多方言中没有[58]。江荻先生认为有九种体，分别是：将行体、即行体、待行体、持续体、方过体、实现体、与境体、结果体、已行体，体的构成形式有：

将行体：གི་ཡིན་（ki yin）、གི་རེད་（ki red）、མཁན་ཡིན་（mkhan yin）、མཁན་རེད་（mkhan red）；

持续体：གི་ཡོད་རེད་（ki yod red）、གི་ཡོད་（gi yod）、གི་འདུག་（gi vdug）；

实现体：པ་ཡིན་（pa yin）、པ་རེད་（pa red）；

已行体：སོང་/བྱུང་（song/ byung）；

结果体：ཡོད་（yod）、འདུག་（vdug）、ཤག་（shag）、ཡོད་རེད་（yod red）；

即行体：གྲབས་ཡོད་（grabs yod）、གྲབས་འདུག་（grabs vdug）、གྲབས་ཡོད་རེད་（grabs yod red）；

待行体：རྒྱུ་ཡིན་（rgyu yin）、རྒྱུ་རེད་（rgyu red）；

语境体：པ་ཡོད་（pa yod）、པ་འདུག་（pa vdug）；

方过体：གྲབས་ཡིན་（grabs yin）、གྲབས་རེད་（grabs red）；

进行体：ཀྱིན་（kyin）、གིན་（gin）、གྱིན་（gyin）；

如：ང་དཔེ་མཛོད་ཁང་ལ་འགྲོ་གི་ཡིན།（nga dpe mdzod khang la vgro gi yin.）我去图书馆。其中的 གི་ཡིན་（gi yin）根据江荻老师的意见应该作为一个分词单位。除此之外，在现代书面藏语中有一些联合体标记的情况，如动词或动词短语加 པ་ཡིན་གྱི་རེད་（pa yin kyi red）、པ་ཡིན་པ་རེད་（pa yin pa red）、པ་ཡིན་པ་འདུག་（pa yin pa vdug），这些形式前人都没有说明应该归纳入哪个体范畴；从分布上看，还有一批结构与上述的类似，如 ཚར་འདུག་（tshar vdug）、བཞིན་འདུག་（bzhin vdug）、གྱིན་འདུག་（gyin vdug）、ཟིན་འདུག་（zin vdug）、རྒྱུ་འདུག་（rgyu vdug）、རེད་འདུག་（red vdug）、ཡིན་འདུག་（yin vdug）、པ་ཡིན་འདུག་（pa yin vdug）、པ་རེད་འདུག་（pa red vdug）、པ་ཡིན་པ་འདུག་（pa yin pa vdug）、པ་རེད་པ་འདུག་（pa red pa vdug）、ཡོད་འདུག་（yod vdug）、ཡོད་པ་འདུག་（yod pa vdug）

等。对这些结构的处理，我们为了避免理论上的纠葛以及标注上操作便利，把这些结构都不作为分词单位，全部单独切分开。其好处有：（1）它们本身都是独立的词（实词或者语法词）；（2）它们在文本中出现的频率都相当高，不同语境下的意义不同，例如 འདུག（vdug）、ཡོད（yod）既可能是存在动词，也可能是语法标记词，但是当作为语法标记词时，其前面总是动词，通过这些规则可以区别它们两种不同的用法。这样在标注时就可以不单独设立一类标签。（3）前人所说的部分体标记中包括的 པ（pa）、རྒྱུ（rgyu）等本身是名词化标记，如果此处又不承认其名词化功能，在标注时同一个形式会存在多种标记，而且这种不同与实词的多词性还不一样，从分布上看，它们都用在动词之后，功能上是趋同的，使用同一种标记是合理的。鉴于这些原因，本书研究中没有采用体标记一说。

8. 关于复数标记和敬语标记处理

复数标记有 ཚོ（tsho）、རྣམ་པ（rnam）、དག（dag），应将复数标记作为分词单位。例如：སློབ་གྲོགས/ཚོ（slob grogs tsho，同学们）、གྲོགས་པོ/ཚོ（grogs po tsho 朋友们）བློ་མཐུན/རྣམ་པ（blo mthun rnam pa，同志们）。

9. 关于格标记的处理

格标记作为分词单位，黏写形式需切分。

属格：གི（gi）、གྱི（gyi）、ཀྱི（kyi）、འི（vi）、ཡི（yi）作为分词单位。例如：བདག/གི/དཔེ་ཆ（bdag gi dpe cha 我的书）ཁོ/འི/དངོས་པོ（khovi dngos po，他的物品）。

施格、工具格：གིས（gis）、གྱིས（gyis）、ཀྱིས（kyis）、འིས（vis）、ཡིས（yis）作为分词单位。例如：ལྕགས་ཁྱེམ/གྱིས/ས་བརྐོས（lcag khyem gyis sa brkos，用铁铲挖地）。

位格、对象格、向格：སུ（su）、རུ（ru）、ར（ra）、ལ（la）、དུ（du）、ཏུ（tu）、ན（na）作为分词单位。例如：སློབ་གྲྭ/ར/འགྲོ（slob grwar vgro 上学）、ཞིང་ཁ/རུ/མེ་ཏོག་བཞད（zhing kha ru me tog bzhad，田里花开）。

从格：ནས（nas）作为分词单位。例如：འོ་མ/ལས/མར་བྱུང（vo ma las mar byung，酥油从牛奶中来）、ནམ་མཁའ/ནས/ཆར་འབབ（nam mkhav nas char vbab,

雨从天上来）。

比较格：ལས（las）作为分词单位。例如：ངའི་རྩོམ་ཁོངས་ལས་ཐུང་བ་ཡོད（ngavi rtsom khongs las thung ba yod，我的作文比她的短）。

伴随格：དང་（dang）作为分词单位。例如：ཁྱེད་/དང་/སུ་མཉམ་དུ་ཕྱིན་སུམ（khyed dang su mnyam du phyin sum，你和谁一起去的）。

领有格：ར（ra）、ལ（la）作为分词单位。例如：ང་/ལ/ས་ཁྲ་ཡོད（nga la sra tra yod，我有地图）。

10. 关于助词的处理

助词都作为分词单位，助词包括如下一些类别：

比拟助词：ནང་བཞིན（nang bzhin 如、像）、བཞིན（bzhin 如、像）、ལྟ་བུ（lta bu 如、像）等；

停顿助词：ནི（ni）；

枚（列）举助词：ལ་སོགས（la sogs 等）、བཅས（bcas 等）、སོགས（sogs 等）、ལ་སོགས་པ（la sogs pa 等）；

方式助词：ལ（la）的部分变体，གིས（gis）的部分变体以及 ནས（nas）；

结果助词：ལ（la）的部分变体；

目的助词：ལ（la）的部分变体。

11. 一些特殊现象的处理

来源格标记 ནས（nas）与表示"方式"意义的半虚化语素 སྒོ（sgo）、ངང（ngang）、ཐོག（thog）构成的 སྒོ་ནས（sgo nas）、ངང་ནས（ngang nas）、ཐོག་ནས（thog nas）在句子中做状语，表示行为方式。一般都把它们作为一个词或者一个短语来处理。但是实际操作中如果不把它们切分开，将直接给后续的标注带来麻烦，如果把它们看作一个词，标记为副词，那么不太合法，如果看作一个短语，标上副词短语也是不太合理，我们看看下面的例子。

*རྒོད་མ་ས་/དགའ་སྤྲོ་བི་/ངང་ནས/ "ཨོ་ན/ཡག་པོ/བྱུང་/ ཁྱོད་ཀྱིས/གྲོ་སྒྱེ/འདི/ཆུ་འཁོར་/དུ་/སྐྱེལ་/ཤོག/" ཅེས་/བཤད/（rgod mas dgav sprovi ngang nas, "vo na yga po byung, khyod kyis gro sgye vdi chu vkhor du skyel shog" ces bshad.）

ཆོད་མ་ས་དགའ་སྤྲོ་བི་ངང་ནས། "ཨ་ན་ཡག་པོ་བྱུང་། ཁྱོད་ཀྱིས་གྲོ་ཕྱེ་འདི་རྒྱ་འཕྱར་དུ་སྐྱེལ་ཤོག་" ཅེས་བཤད།

老马以高兴的样子说，那么好啊，你把这袋子小麦送到水磨坊去吧。

*ས་ངོས་ཀྱི་ལས་བྱེད་མི་སྣས་མེ་ཤུགས་འཕུར་མདའ་ལ་ཞིབ་ཏུ་ཞིབ་ཚགས་པོ་བི་**སྒོ་ནས**ཞིབ་བཤེར་བྱས་པ་ན། གནས་ཚུལ་གང་ཡང་མེད། （sa ngos kyi las byed mi snas me shugs vphur mdav la shin tu zhib tshags povi sgo nas zhib bsher byas pa na, gans tshul gang yang med.）

ས་ངོས་ཀྱི་ལས་བྱེད་མི་སྣ་མེ་ཤུགས་འཕུར་མདའ་ལ་ཞིབ་ཏུ་ཞིབ་ཚགས་པོ་བི་**སྒོ**·**ནས**·ཞིབ་བཤེར་བྱས་པ་ན། གནས་ཚུལ་གང་ཡང་མེད།

地面上的工作人员以仔细的方式检查了火箭，什么情况也没有。

*ལས་བྱེད་པ་དང་ཞིང་པ་རྣམས་ཀྱིས་རང་གི་འཐབ་རྩོད་ཀྱི་ཉམས་མྱོང་**ཐོག་ནས**རང་ཉིད་སྒྱུར་བཀོད་བྱེད་ངེས་ཡིན། （las byed pa dang zhing pa rnams kyis rang gi vthab rtsod kyi nyams myong thog nas rang nyid sgyur bkod byed nges yin.）

ལས་བྱེད་པ་དང་ཞིང་པ་རྣམས་ཀྱིས་རང་གི་འཐབ་རྩོད་ཀྱི་ཉམས་མྱོང་**ཐོག**·**ནས**·རང་ཉིད་སྒྱུར་བཀོད་བྱེད་ངེས་ཡིན།

干部和农民在自己的斗争经验中将改造他们自己。

从标注的角度分析，上面三组句子的第二种切分法要比第一种切分法好，因为可以清晰地标注出词性。

汉语中的数词比较简单，把中文数字串和阿拉伯数字串看作一个整体比较合适。但是藏语中的数词有一些特殊的地方，在实际文本中，有多套数字表现形式，阿拉伯数字 1、2、3、4、5、6、7、8、9、0；藏文阿拉伯数字 ༡、༢、༣、༤、༥、༦、༧、༨、༩、༠；藏文音节字，གཅིག（gcig）、གཉིས（gnyis）、གསུམ（gsum）、གཞི（gzhi）、ལྔ（lnga）、དྲུག（drug）、གདུན（gdun）、བརྒྱད（brgyad）、དགུ（dgu）、ཀླད་ཀོར（klad kor）。除此之外还有序数、助数词、概数词、位数等，但是我们处理的基本原则是，数词作为一个整体。比如：

མཚོ་ངོས་ཀྱི་མཐོ་ཚད་རྒྱ་མཚོབི་ངོས་ལས་སྨི་བཞི་སྟོང་བཞི་བརྒྱ་བཞི་བཅུ་ཙམ་ཡོད། （mtsho ngos kyi mtho tshad rgya mtshovi ngos las smi bzhi stong bzhi brgya bzhi bcu tsam yod.）

མཚོ་ངོས་/ཀྱི་/མཐོ་ཚད་/རྒྱ་མཚོ/འི་/ངོས་/ལས་/སྤྱི་/བཞི་སྟོང་/བཞི་བརྒྱ་བཞི་བཅུ་/ཚས་/ཡོད་/།

湖面的海拔有四千四百四十米。

一般来说阿拉伯数字和藏文阿拉伯数字串作为一个整体。比如：

དེ་མིན་པའི་དྲོད་ཁང་གཞན་པ་/༧༠༠ནི་/དམངས་ཁྲོད་ནས་མ་རྩ་བཏང་ནས་བསྐྲུན་པ་རེད། （de min pavi drod khang gzhan pa 700 ni dmangs khrod nas ma rtsa btang nas bskrun pa red.）

དེ་/མིན་/པ/འི་/དྲོད་/ཁང་/གཞན་པ་/༧༠༠/ནི་/དམངས་ཁྲོད་/ནས་/མ་རྩ་བཏང་/ནས་/བསྐྲུན་/པ་/རེད་/།

除此之外的其他 700 座温室是民间投资建成的。

《/བོད་ལྗོངས་/ཁྱུར་མིད་གཏོང་/གཏན་ནས་/མི་/རུང་/》/1949/ལོ/འི་/ཟླ་/9/ཚས་/3/ཉིན་/གྱི་/《/མི་དམངས་/ཉིན་རེའི་ཚགས་པར་/ 》 /ཀྲུང་གུང་/བོད་རང་སྐྱོང་ལྗོངས་/ཨུ་ཡོན་ལྷན་ཁང་/དང་/གི་/ལོ་རྒྱུས་/ཡིག་ཆ་/བསྡུ་སྒྲིག་/ཚགས་པ/ས་/ཕྱོགས་/བསྒྲིགས་བྱས་/པ/འི་/ 《/བོད་ལྗོངས་/གསར་བརྗེ/འི་/ལོ་རྒྱུས/ 》 /བོད་ལྗོངས་/མི་དམངས་/དཔེ་སྐྲུན་/ཁང་/གི་/1991/ལོ/འི་/དཔར/།/（《bod ljongs khyur mid gtong gtan nas mi rung 》 1949 lovi zla9tshes3nyin gyi《mi dmangs nyin revi tshags par》 krung gung bod rang skyong ljongs u yon lhan khang tang gi lo rgyus yig cha bsdu sgrig tshogs pas phyogs bsgrigs byas pavi 《bod ljongs gsar brjevi lo rgyus[》] bod ljongs mi dmangs dpe skrun khang gi 1991lovi dpar.）

《绝不能吞并西藏》1949 年 9 月 3 日的《人民日报》，中国西藏自治区委员会党的历史文献整编组编撰的《西藏革命的历史》，西藏人民出版社，1991 年版。

但是也会遇到一些特殊情况，藏文阿拉伯与阿拉伯数字后面跟表示序数的后缀时，需要把后缀与阿拉伯数字作为一个整体。比如下句中的 ༡༢པ 与 90པ 要作为一个整体。

འཚོ་བ/འི་/ཁ་གསབ་རོགས་དངུལ་/དེ་/2012/ལོ/འི་/ཟླ་/12/པའི་/ཚས་/31/ཉིན་/གྱི་/སྔོན་/དུ་/མི་/རེ་རེ/འི་/ལག་/ཏུ་/སྤྲོད་/ཐུབ་/པ་/བྱ་/རྒྱུ་/རེད་/（vtsho bavi kha gsab rogs dngul de 2012 lovi zla12 pavi tshes31 nyin gyi sngon du mi re revi lga tu sprod thub pa bya rgyu red,）

要把生活补贴金在 2012 年 12 月 31 日之前发放到每个人的手里。

《/བོད་ལྗོངས་/བཅིངས་འགྲོལ་/ལོ་རྒྱུས/ 》 /ཀྲུང་གུང་/ཏང་/གི་/ལོ་རྒྱུས་/དཔེ་སྐྲུན་ཁང་/གི་/2008/ལོ/འི་/དཔར/།/ཤོག་ངོས་/89/དང་/90པ/།/（《bod ljongs bcings vgrol lo rgyus krung gung tang gi lo rgyus dpe skrun khang gi2008lovi dpar, shog ngos89dang90pa.）

《西藏解放历史》中共党的历史出版社，2008 年版，第 89-90 页。

数字后面表示概数的词与数词切分开。

ཆ་སྙོམས་/དྲོད་ཁང་ཆེན་མོ་རེ་རེའི་ལོ་རེའི་ཐོན་ཚད་སྤྱི་རྒྱ་ཁྲི་ 0 .75/ཡས་མས་/ཡིན/། （cha snyoms drod khang chen mo re revi lo revi thon tshad spyi rgya khri 0 .75 yas mas yin.）

平均每一个大棚的产量大约 0.75 万公斤。

上述这些都是比较细致的原则，是我们在实践中总结出来的，对于那些别人都谈过的大的切分原则本书就不再赘述。

3.3　本书分词语料库简介

分词语料库是研究分词必备的材料，藏语中一直没有一个比较权威的语料库，要建立一个比较规范的语料库，需要考虑几个方面的问题，如材料来源的可靠性，词汇语法的规范性，语料的时代性，题材平衡性。这些看似简单的问题，但实际操作中并不容易。现有的一些语料库，存在古今文献混杂，口语书面语不分，方言、通用语材料不分，民族文献和翻译文献不分，诗歌、小说、韵体文混杂等各种情况。这对后续研究造成了不少的麻烦。考虑到这些情况，本项研究选用了中小学教材中的文本材料，剔除了古代藏文、诗歌、韵体文等部分，并对这些语料进行了多级标注：藏字字性标注、分词边界标记、词性标注。语料格式为：<ནས་/nམ༢ས༣/n>ng <ཐེ/a>a <ཆེང་/c>c <དངས་/a>a <ཕ/h>h <ལ/c>c </xp>xp，其中 "<>" 是词的分界符，"/" 是藏字分界符，"/" 右边的标注符号是藏字字性标注，">" 右边的标注符号是词性标注。语料库共有 19907 句（按照藏文单双垂符作为分句标准，切分结果中有些不是完整意义的句子），总词数 239207，音节数 259811，下面是一段语料库示例。

<ནས་/nམ༢ས༣/n>ng <ཐེ/a>a <ཆེང་/c>c <དངས་/a>a <ཕ/h>h <ལ/c>c </xp>xp

<སྤྱིe/ནད2ས/a>ng <2/nམ/nf>ng <ར/kl>kl <ཐེ/v>vt <ཕ/h>h <2ེ/nའཞེ/nua>ua <མ2ས/a>a </xp>xp

<ཕར/nསྐ2/n>ng <མ2ོ2ས/n>ng <ྲ/kl>kl <ྲེ/kཐ2/k>ng <2/q>q <ག2ིག/

m>m <གྲལ/nབྲྒྱྒྲ/v>iv <ནས/c>c <ཚ/nཚྒགས/n>ng <ྒྱ/kx>kx <འཕུར/v>vi <གྱྲྱ/t>t <འདུག/ve>ve

<ྒྱ/nསཐྲ/n>ng <མེད/ve>ve <པ/h>h <ཅེ/kg>kg <ཞྲ/n>ng <ནང/n>ng <གྱ/kg>kg <ྒྱ/nསྲ/nf>ng <ྒྱྲ/v>vi <ནས/c>c <ྒྱས/aྒྱས/aྲ/uf>id <གཡོ/v>vi <ཞྲ/c>c <ﾉ/xp>xp

<ས/nགྲ/n>ng <ར/kl>kl <གསྲ/nྒྱ/n>ng <ྒྱགས/v>vt <པ/h>h <ནང/nབྲྲ/ua>ua <མྲ/nལས/kལས/k>ia <ྒྱྲ/v>vt <ﾉ/xp>xp

<ཞྲ/nཔ/nf>ng <ཚ/pl>pl <ས/ka>ka <ྒྱས/vའཆྲ/v>ng <ཅྲ/aཆ/af>a <ས/ki>ki <བཆས/vས/vf>ng <ང/v>vt <ཞྲ/c>c <ﾉ/xp>xp

第 4 章

藏语黏写形式切分方法比较研究

4.1 藏语黏写形式特点

4.1.1 黏写形式的含义

所谓黏写形式，通常又称黏着词格[3]，紧缩词[4]，紧缩格[5]，主要由各种格标记、补语助词、目的助词，部分连词、副词和句终词等黏附于无后加字或者后加字为 (va) 的音节之后构成。这种形式形似一个新的音节字，但却是两个词的紧缩形式，本质上是一种文字拼写问题。在藏文的分词处理中，黏写形式的存在会带来大量的未登录词，因此其识别与切分需要优先处理。藏语黏写形式有如表 22 构成形式。

表 22　藏语黏写形式类型

类　　型	例　　子
（1）词+ས(-s)（施格/工具格标记）	ངས "我做"，རྒྱལ་པོས "国王做"
（2）词+འི(-vi)（属格标记）	ངའི "我的"，རྒྱས་ཆེ་བའི "广大的"
（3）词+ར(-r)（与格/位格标记）	ངར "对我"，ང་ཚོར "对我们"
（4）词+འང/འམ(vang/vam)（连词）	ངའང "我也"，དེའང "那也"，ཆེ་བའམ "大的和…"

类　　型	例　　子
（5）词+འོ(-vo)（句终词）	བྱེད"做"、འགྲོ"走"、བྱའོ"做"、འདུགོ"有"、དགའ"喜欢"
（6）数字及其他符号形成的黏写形式	མིༀ"一个人"，ཟླ་1ༀ"一月"，1946ༀ"在1946年"

4.1.2　黏写形式切分困难

由 འ 构成的黏写形式有两种表现形式，一种是 འ 直接粘附在前一个没有后加字符的音节上，如：འབའ、བའ；另一种形式是 འ 粘附在前一个以 འ 结尾的音节上，如 དགའའ，但是由于书写美观和简洁，དགའའ 最终变成 དགའ。第二种黏写形式在分词时要考虑是否要补充一个 འ。还有一些词本身带 འ 的，不需要切分，如 འཛམ་གླིང（地球）；或者它本身不是一个黏写形式，而是一个音译音节。如：བེའེ（贝勒）。如果按照形式一刀切时，就会造成一些词切分错误。同样对于 ང、བ、 འ 构成的黏写形式也有类似问题。如 ཚའོ་ཚའོ（曹操）、མའེ་ཏིང་བའོ（爱丁堡）、མན་བའོ（面包）、ཀྲུས་ལི་ཨའོ（小里奥）、མའོ་ཙེ་ཏུང（毛泽东）、འཛམ་གླིང（地球）、དྭ་ལའེ་བླ་མ（达赖喇嘛）、ཐེའེ་ཙུ（厘米）、བའེ་ཙུང（太祖）、ཧྲན་ཞེ（陕西）等这些词中的 འ 都不应切分。

由 ས 和 ར 构成的黏写形式切分困难在于这两个字可以作为一个音节的后加辅音，如果从一个音节的角度观察，难以断定是黏写形式还是合法音节。例如：བར、ཆར、ངས、གིས、པར 等，必须要把这些音节放在语境中，才能区分是否为黏写形式。

4.1.3　黏写形式的分布

黏写形式在文本中频率如何？可能一些不熟悉藏文的技术人员需要了解，我们统计了本书所用实验语料库中的黏写语素，在总音节数 259811 的语料库中，各个不同的黏写类型数量和占比如

表 23 所示。

表 23　黏写形式分布表

	-ཞ(-vi)	-ར(-r)	-ས(-s)	-འང་、-འང	-ཚ	合计
总数	11345	4837	4410	578	108	21278
占比	0.0437	0.0186	0.0170	0.0022	0.0004	0.0819

从表 23 可以看出，-ཞ、-ར 和-ས 是使用频度较高的三个黏写形式，所有的黏写语素构成的黏写形式约占总词数的 8%，这说明如果不处理黏写形式，分词错误就会超过 8%。可见黏写形式的处理占有重要的地位。那么最可能的黏写形式有哪些呢？通过对文本的统计发现，黏写形式的模式主要为：【词根】+【词缀+黏写语素】，由于藏语词缀主要是单字母或者单字母带元音，这为黏写形式的产生提供了条件。除此之外，人称代词 ང 等和指示代词 དེ、འདི 等也常与格标记构成黏写形式。常见易于构成黏写形式的词和词缀使用情况统计如表 24 所示，常见易于构成黏写形式的词和词缀使用频次排序如图 5 所示。

表 24　易于构成黏写形式的词和词缀

	བ	ག	མ	ར	ཤ	ཟ	ཀ	དེ	འི	ང	ཚ	合计
-ཞ	2813	1165	321	132	511	233	78	653	130	219	312	6567
-ར	1467	708	162	45	338	82	72	501	171	3	116	3665
-ས	1276	486	223	39	400	38	0	284	32	398	352	352
-འང	54	27	1	1	0	0	0	0	0	0	0	83
-འང	35	17	0	2	7	2	3	23	0	0	3	89
-ཚ	17	9			7		3					36
合计	5562	2412	707	219	1256	362	153	1464	333	620	783	10792
占比	0.0214	0.0093	0.0027	0.0008	0.0048	0.0014	0.0006	0.0056	0.0013	0.0024	0.0030	0.0415

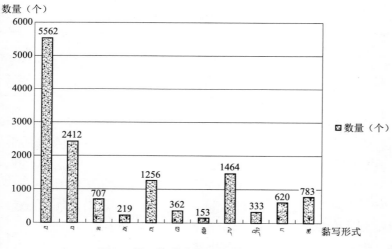

图5 易于构成黏写形式的词和词缀

从图表中可以看出，常见黏写形式大约占文本中所有黏写形式的一半。这种特点为规则后处理提供了较好的依据。但是还有一半的黏写形式比较分散，在分词时，不利于正确的切分。

藏语文本中的黏写形式要比未登录词数量多得多，同时黏写形式又往往和未登录词粘合，形成新的音节，比如：

与人名形成黏写形式：ཚ་ཞང་ཚོ་དགའ་མཆོང་འཁྱལ（次噶舅舅看到后），应切分还原为：ཚ་ཞང་/འཁྱལ/མཆོང་/ས་/ཚོ་དགའ（次噶舅舅看到后）。

与地名形成黏写形式：ཉི་མ་གསུམ་གྱི་ཉིང་ལ་ལྷ་སར་གཟིགས་སྐོར་གནང་གྲུབ་ཀྱི་རེད། 三天之内拉萨参观完毕，其中 ལྷ་སར 要切分为 ལྷ་/ས。

与时间词形成黏写形式：ཚེས་11ཉིན་གྱི་དགོང་མོ་ཆུ་ཚོད་8པར（11日晚上8点钟），其中 པར 要切分 པ/ར，而 8 要和 པ 组合成 8པ，才是一个合格的数字，表示序数词第八。

4.2　黏写形式切分方法

4.2.1　基于规则的还原法

黏写切分最常见的方法是还原法[4]，它是一种基于词表匹配的规则方法。其基本思路是，在一个字串含有某个黏写形式时，判断去掉该黏写形式后的字串是否在词库中，若在则分词成功，此时切分结果是去除黏写形式字串和黏写形式；否则去掉黏写形式并添加 འ 后在词库中查找，切分结果为原字串加 འ 后的词和黏写形式。如果词典的词条有：ང、གཉེན་པོ་、ལས་ཀ、ཞུགས、ཚོ་、པ、རེད、྄、ནི、ར，以最大匹配法来切分字串 ངའི་གཉེན་པོ་ལས་ཀར་ཞུགས་ཚོང་པ་རེད（我哥哥工作了），由于待切分字串中有两处黏写形式 ངའི 和 ལས་ཀར，这两个词条不在词典中，假设以 5 个音节为最大词串，按照正向最大匹配方法来切分待切分字串，首先取 5 个音节长字串，ངའི་གཉེན་པོ་ལས་ཀར 查词典，匹配不成功；由于 ར 是可能的黏写形式，因此去掉 ར 查词典，匹配不成功；取 4 个音节长度字串查词典，匹配不成功；由于 ས 是可能的黏写形式，去掉 ས 查词典，匹配不成功；取 3 个音节长度字串查词典，匹配不成功；取 2 个音节长度字串查词典，匹配不成功；取 1 个音节长度字串查词典，匹配不成功。由于 འི 是可能的黏写形式，去掉 འི 查词典，匹配成功，ང 和 འི 分别为分词单位，以"/"作为分词单位边界，切分结果为 ང/འི。然后从第二个音节 གཉེན 开始顺序截取 5 个音节长度字串，继续上述过程，最终成功切分出黏写形式和分词单位。

对于需要还原 འ 的切分过程为：如词典词条有：ཡ་ཨང་、ཚོ་དགོས་、མཛོང་、འཁུས。待切分字段为 ཡ་ཨང་ཚོ་དགོས་མཛོང་འཁུས。最大字串长度为 5 个音节，采用最大正向匹配法，取 5 个音节 ཡ་ཨང་ཚོ་དགོས་མཛོང 查词典，匹配不成功，取 4 个音节查词典，匹配不成功，取 3 个音节查词典，匹配不成功，取 2 个音节查词典，匹配成功，去掉两个音节取剩下的四个音节查词典，匹配不成功，取 3 个音节查词典，匹配不成功，取两个音节查词典，匹配不成功，这里需要对可能的黏写形式进行预判，由于 དགས 是可能的黏写形式，因此，去掉最后一个字符 ས 以 ཚིདག 查词典，匹配不成功，以 ཚིདགས 查词典，匹配成功，由此切分并还原了这个黏写形式。

　　这个方法操作确实较为简单，但是有几个严重缺陷，第一，怎样判断一个音节字是黏写形式？对 འི、འོ、འང、འམ 等相对比较容易，大部分该类形式可以查找与切分，但也会出现一部分切分错误。人名、地名、组织机构名中虽然有黏写形式但不能切分，比如：སའི་གོལ（地球）中的 འི 不能切分，ད་ལའི་བླ（杜莱曲）地名中的 འི 不能切分，བསྟན་པའི་ཉིམ（丹白尼玛）中的 འི 不能切分。还有一些音译人名地名中的与黏写形式同形的音节字也可能会切分错误。比如 ན་པའང（那坡县）、ཁྱུང་ལིའང（铜梁县）、མའོ་ཙེ་ཏུང（毛泽东）等命名实体与黏写形式同形的音节不能切分。所以这些现象的处理就不只是切与不切那么简单，更重要的是需要判断哪些该切？哪些不该切？由 ས 和 ར 形成的黏写形式同样也面临着这个问题。比如，ངར、ཚར、གཤེགས 是否是黏写形式不通过上下文语境是无法得知的。第二，黏写形式的能产性是比较强的，只要它们前面的音节满足粘黏的条件，就形成黏写形式，并不是任何一个词都被收入词典，因此使用还原法时，去除黏写形式后的字串有可能不在词典中。第三，对于部分需要还原的字串，如果去除黏写部分，剩下的已经在词典中存在，就达不到还原的目的。这些缺陷在基于规则的分词方法中是比较严重的问题，如果采用规则来弥补，可以增加可能是黏写形式的音节词表，而对于未登录词则束手无策。

4.2.2　基于规则和统计结合的切分方法

　　黏写形式切分的最大问题就是黏写形式的歧义问题，即一些高频率的黏写形式既可能是黏写也可能是正常音节的后加辅音，如，ངར、ཚར 单独看不出是否是黏写形式还是正常音节，我们把这种音节称之为"疑似黏写形式"，在处理时，首先认为是黏写形式，当遇到这样的音节时统一进行切分。但是也遵循一定的切分规则，例如，当后加辅音 ས 处于音节字的再后加辅音位置时，不作为疑似黏写形式处理，如 རྙོངས་ 音中的 ས 是再后加辅音，因此不做切分。疑似黏写形式切分例子如下所示（T，表示切分边界标记）。

གུང་/T ན/T ని·/T ནང·/T རྙོངས·/T ད·/T ར·/T ని/T ན//T ཀ/T ཀ/T ན/T ར·/T གས/T ར·/
T ད·/T ని/T མ·/T ལ·/T ꍭ·/T ནི·/T ꍭ/T　གུང·/T དང·/T འབ·/T ཚོགས/T གꍭེ/T གꍭ/T ར·/
 སꍭ·/T ꍭ·/T ནང·/T གꍭས/T ལས/T ꍭ/T ལས/T ꍭ·/T ད·/T གུང·/T དང·/T ꍭ/T གꍭན·/
ꍭ·/T ꍭ·/T གས/T ར·/ ꍭ/T ར·/T ད·/T ꍭ/T 　ꍭ/T ꍭ/T 　ꍭང·/T ꍭ·/T གꍭན·/T ꍭ/T ꍭ/T

加黑部分的疑似黏写形式都根据一定的规则切分开，然后采用字位标注法进行标注，标注结果如下：

གུང·/I_T ན/I_T ని·/I_T ནང·/I_T རྙོངས·/I_T ད·/I_T ར·/I_T ని/I_T ན/I_T ꍭ/I_T ꍭ/
I_T ꍭ/I_T ꍭ/B_T ན/M_T ར·/E_T ད·/I_T ꍭ/B_T ꍭ/E_T ꍭ/I_T ని/
I_T ꍭ·/I_T ꍭ/I_T གུ·/I_T ꍭ/I_T ꍭ/I_T ꍭ/I_T གꍭ/I_T ꍭ/B_T ར·/E_T
སꍭ·/I_T ꍭ·/I_T ꍭ/I_T གꍭས/I_T ꍭ/I_T ꍭ/I_T ꍭ/I_T ꍭ/I_T ꍭ/I_T ꍭ/
I_T དང·/I_T ꍭ/I_T གꍭན·/I_T ꍭ/I_T ꍭ·/I_T ꍭ/B_T ꍭ/M_T ར·/E_T གꍭ/B_T ར·/
E_T ꍭ/I_T ꍭ/I_T ꍭ/I_T ꍭ/I_T ꍭ·/I_T ꍭ/I_T གꍭན·/I_T ꍭ·/I_T ꍭ/I_T（I 表示独立成音节，B 表示音节头，E 表示音节尾）

然后通过训练获得黏写形式的切分模型。

4.2.3　基于统计的字位标注法

统计方法处理黏写形式有几种处理策略，一是把分词和黏写形式同步处理，黏写切分的同时实现分词，二是可以把黏写切分作为分词的预处理过程，单独进行切分。我们分别阐述这两种策略。

黏写分词同步切分时，对一个词的词首、词尾和词中以及黏写形式打标签，如 B（词首）、M（词中）、E（词尾）、E'（带黏写形式的词尾）、S（单字词）以及 S'（带黏写形式的单字词）。例如：

མཚན་མོར་དོན་ནེ་པ་རེའི་རྐང་དཀྱིལ་ན་ཁོང་ཆེ་བ་ཞིག་ཡོང་པ་མཆོང་བས།

字位标注结果为：

མཚན·/B མོར·/E' དོན·/S ནེ·/S པ·/B རེའི·/E' རྐང·/B དཀྱིལ·/E ན·/S ཁོང·/S ཆེ·/B བ·/E ཞིག·/S ཡོང·/S པ·/

Sམཚོང་/Sབས/S'/S

如果句中的黏写形式 ཚང་\དས་\ཟའ་ 与 བས 获得了正确的标签，黏写形式就可以就被识别和切分出来。

所谓单切分是指在文本预处理时，专门针对黏写形式进行处理。首先人工对训练文本中的黏写形式打标签，在设计标签时，可以根据需要选择标签数量，如果只是识别切分黏写形式而对具体黏写形式不进行区分，设计两个标签即可，如 N 和 Y，N 表示非黏写形式，Y 表示黏写形式。下面的例子是打完标签的样例。

འདི་N་ག་N་ཚོགས་N་པར་N་ང་N་དུ་N་ཚ་N་ནས་N་ནས་N་གནས་N་ཚོ་N་འཛིན་N་གནས་N་N།N 蛋 N11Y་ཚོ་N28Y་ཉིན་N་གྱི་N་དུ་N་ཚ་N་ནར་Y་ཀྱང་N་དུ་ང་N་དང་N་ན་N་ནས་N་ནས་N་ཚོག་N་ང་N་ཚོ་N་ཚོར་N་ནཚོ་N་ལག་N་ཚིན་N་ཉི་N་ནཚོའི་Y་ཚ་N་རྒྱས་N་ནཟུར་N་ཉིད་N་ཚ་N་ནས་N་རྒྱ་N་ནག་N་འདབན་N་ནས་N་Y་ཚེར་N་ལདབང་N་ནར་ང་N་ཚོང་N་གྱི་N་རྒྱ་N་ན་N་ལག་N་ནཟ་N་ནཚོ་N་ཚྱ་Y་ཚོ་N་དུ་ང་N་ལ་N་ནཚོ་N་ཚྱ་N་ན་ཉི་N་ནས་N་ལ་N་གནས་N་ན་N་N་དང་N།N

如果需要判别具体的黏写形式，则可以根据黏写形式的类别设计标签，本书研究中黏写形式分类如表 25 所示。

表 25　黏写形式分类标注表

类　　型	例子	标签
（1）音节+ས(-s)（施格/工具格标记）	ངས "我做"	S
（2）音节+འི(-vi)（属格标记）	ངའི "我的"	V
（3）音节+ར(-r)（与格/位格标记）	ངར "对我"	R
（4）音节+འང/འམ(vang/vam)（连词）	ངའང "我也"	C
（5）音节+ན(-vo)（句终词）	བགྱིན "做"	E
（6）数字	མི7 "一个人"	M
（7）还原型 མཁའི = མཁའ +འི	ནམ་མཁའི་མདོག་སྔོན་པོ་ "天空的蓝色"	H
（8）	非黏写形式	N

根据这些标签，上述句子标注如下：

འདི་Nག་Nཚགས་Nཔར་Nཁང་Nདུ་Nལྷ་Nས་Nནས་Nགནས་Nཚུལ་Nའགྱུར་NགསལN།N ཟླ་N11Fཚེས་N28Fཉིན་Nགྱི་Nཕྱི་Nརྗེ་Nལྷ་Nསར་Rཀྱང་Nདབྱང་Nཏང་Nགི་Nམང་Nཚོགས་Nཡུམ་Nཕྱོགས་Nཀྱི་Nསློབ་Nགསོ་Nལག་Nལེན་Nབྱེད་Nསྟོའི་Vལྷ་Nརྒྱལ་Nམཛད་པ་Nཁྲིད་Nཚོགས་Nཆུང་Nཁག་Nབདུན་Nཔས་Sཆེད་Nམངགས་Nརང་Nསྤྱོངས་Nཀྱི་Nསློབ་Nགསོ་Nལག་Nལེན་Nབྱེད་Nསྟོའི་Vཉེ་Nདུས་Nལས་Nདོན་Nགྱི་Nསྙན་Nསེང་Nགསན་Nཔ་Nརེད་N། N

4.3　黏写形式切分实验及结果比较

4.3.1　基于规则的一体化切分实验

基于规则的还原法切分实验是在理想词表和扩大词表的条件下进行，所谓理想词表就是测试词典中的词等于测试语料中的词，不会遇到未登录词的情况。所谓扩大词表是指词表中的词不等于测试文本中的词，在切分时可能会遇到未登录词或者与黏写形式同形的词。测试语料从语料库中按照 1:4 选出，共有句子 3982 句，共有词 7537 个。在理想词表条件下的分词结果的准确率、召回率和 F 值分别是 0.861、0.805、0.832，黏写切分的结果如表 26 所示。

表 26　理想词表黏写形式切分结果

	-འི(-vi)	-ར(-r)	-ས(-s)	-འམ་(-vam)	-འང་(-vang)	平均
黏写总数	2290	909	665	30	97	0.8292
正确切分数	2271	417	579	30	80	
准确率	0.9917	0.4587	0.8707	1.0000	0.8247	

对于黏写形式 འི་(-vi)，切分效果准确率为 0.9917，测试语料 275 句的错误如下：

གཅུང་མོ/ ས་/ དགའ་མཆོང་བྱེད་/ བཞིན/ “/ ང་/ རྩེ་བོ་/ ལགས་/ ལ་/ ཟླ་བ་/ གཟའ་ཕོག་རལ་/ གྱིས་/ ཕྱུར་མེད་/

བཏང་/ བ་/ མ་/ ཡིན་/ པར་/ ***ས/ འི/ གོ/ ལས/*** ཉེ་འོད་/ བསྒྲིབས་/ པ/ འི་/ རྐྱེན་/ གྱིས་/ ཡིན་/ པ་/ ཞུ/ བར་/ འགྲོ་/ གི་/ ཡིན/ ”/ ཞེས་/ བཤད/ །/（分词结果）

其中斜体加粗部分 འི་ 切分错误，སའི་གོ་ལ་ 是一个词，按照我们的切分标准，这个字串当作整体。但是这个词的位置比较特殊，它的前后以及自身都有黏写形式相关的音节，其左边的 པར་ 带有黏写形式，后面的 ལས་ 带有黏写形式，它自身 ས/འི་ 也带有黏写形式，这种复杂性导致了它前、后和自身黏写形式都没有能切分开。

对于黏写形式 ར་(-r)，切分的准确率为 0.4587，错误音节主要有 པར=281（次）、བར=128（次）、、འོར=32（次）、མར=22（次）、ཁར=16（次）。这些错误音节作为一个词都在分词词表中，因此匹配方式很难正确处理它们。测试语料 659 句的错误如下：

བྱ་རོག་/ གི་/ རྒྱལ་པོ/ ས་/ རང་/ གི་/ བློན་པོ་/ རྣམས་/ བསྡུས་/ ནས་/ ཇི་ལྟར་/ བྱེད་/ ***པར/*** གྲོས་བྱས/ །/

པར 在我们的分词标准中应该视为黏写形式，此处未能正确切分。

黏写形式 ས་（-s）切分准确率为 0.8707，错误最高的几个音节为 པས=243（次）、ཚོས=63（次）、མོས=17（次）。如测试 704 句：

ཁོ/ ས་/ བུ/ འི་/ སློབ་ཁང་/ ནི་/ གཅིག་ཐོག་/ གི་/ གཡོན་རྒྱབ་/ ཀྱི་/ ཟུར་/ ན་/ ཡོད་/ པ་/ ཤེས་/ ཀྱི་/ ཡོད་/ ***པས/*** །/

这里的 པས 不是表示疑问，而是名词化标记和原因格标记构成的黏写形式。

འང་（-vang）的错误全部出现在 ཡིན་ནའང 中，ཡིན་ནའང 有时候可以放在句子的开头作为一个后起的联接短语，这时候可以作为一个切分单位。如：

ཡིན་ནའང/ རྩིས་འཁོར་/ གྱིས་/ ཡང་དག་པ/ འི་/ བཀོད་འདོམས་/ ལྟར་/ ཁ་ལོ/ བསྒྱུར་/ བ/ ས/ །/

但是有时候 ***ཡིན་*** 是句子的谓词，需要切分开。如：

བཟོ་ལྟ་/ སྙིང་རྗེ་པོ་/ ཞིག་/ ***ཡིན་ནའང/*** །/

这里的 ***ཡིན་ནའང*** 是需要切分开，才符合句法规则。

从上面的分析可见，基于词典匹配的规则方法对黏写形式的处理有很大的局限性，即使在理想词表条件下，效果也并不好。如果加大词表，增加部分未登录词，切分准确率还会有明显的下降。当把语料库的所有 18332 个词作为词表进行测试，黏写形式切分测试结果如表 27 所示。

表 27　扩大词表黏写形式测试结果

	-ཞི(-vi)	-ར(-r)	-ས(-s)	-འམ(-vam)	-འང(-vang)	平均
黏写总数	2290	909	665	30	97	0.6715
正确切分数	2264	350	291	30	53	
准确率	0.9886	0.3850	0.4376	1.0000	0.5464	

从表中可以看出，除了 ཞི、འམ 的黏写形式之外，其他几个的切分效果大幅度降低，这说明还原法对黏写形式的处理效果并不好。

4.3.2　基于统计的黏写分词一体化切分实验

首先采用统计分词一体化的黏写形式切分方法进行实验。按照字位标注理论，把一个词的首字标注为 B，中字标注为 M，末字标注为 E，单独音节词标注为 S，黏写形式只可能黏附在多音节词的词末音节或独立音节词上。当多音节词末尾音节为黏写形式时用 E'标注，当在单音节词上时标注为 S'。这样在分词的同时切分黏写形式。测试语料同前，其切分结果如表 28 所示。

表 28　基于统计的分词、黏写一体化切分结果

	-ཞི(-vi)	-ར(-r)	-ས(-s)	-འམ(-vam)	-འང(-vang)	平均
黏写总数	2290	909	665	30	97	0.8281
一体化正确切分数	2171	886	606	16	75	
一体化准确率	0.9480	0.9747	0.9113	0.5333	0.7732	

从整体上看，统计切分比理想词表下的规则切分稍微好一点，前者为 0.8344、后者为 0.8131。但是这个错误类型有较大的区别，从黏写形式的出现频率来看，-ཱི(-vi)、-ར(-r)和-ས(-s)三个黏写形式占了重要的地位，在文本中，它们出现的数量占黏写比例的 0.8965。从表 28 可以看出，黏写分词一化的统计切分结果中，-ཱི(-vi)、-ར(-r)和-ས(-s)的切分准确率分别为 0.9480、0.9747、0.9113；相反采用规则的切分准确率分别为 0.9886、0.3850、0.4376，尤其是-ར(-r)和-ས(-s)统计切分准确率比规则切分提高了很多。尽管从总体上看，统计方法和规则方法相比没有明显的优势，但是从切分结果对分词的影响来看，差别还是比较大，统计方法在处理高频黏写形式上要比规则好，规则方法在处理低频黏写形式上比统计好，如图 6 所示。

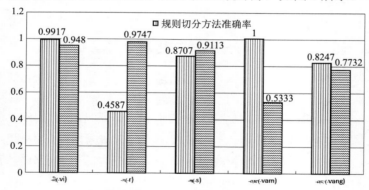

图 6　规则和统计分词黏写一体化切分比较图

4.3.3　基于统计的"单切分"实验

我们设计了两个单独切分的实验，两个实验的训练和测试语料同前面一样。实验一采用两个标签的音节标注法，两个标签分别为 N，表示非黏写形式 Y，表示黏写形式，训练语料标注结果为：

ཨེ/N རྣམས/N གྱིས/N M ཟེའི/Y འོར/N ཏུ/N ཅག/N གཤོར/N ཀྲུག/N ཆོག/N ཅི/N འར/N ཟང/N ཡི/N

这种处理不考虑黏写形式的类型，只是找出黏写形式，但是有时候我们需要知道黏写形式的类型，黏写形式主要是格标记，如果知道格标记的类型，将对组块分析有一定的好处，如在基于音节的组块边界识别研究中，需要知道黏写标记是否为组块边界。为此在实验二中，对黏写形式类型进行了区分。标签设计如表 29 所示。

表 29　黏写的形式类型

类　　型	例子	标签
音节+ས(-s)（施格/工具格标记）	ངས "我做"	S
音节+འི·(-vi)（属格标记）	ངའི "我的"	V
音节+ར(-r)（与格/位格标记）	ངར "对我"	R
音节+འང/འམ(vang/vam)（连词）	ངའང "我也"	C

按照两个标签标注的黏写形式切分结果如表 30 所示。

表 30　双标签黏写形式切分结果

	-འི(-vi)	-ར(-r)	-ས(-s)	-འམ(-vam)	-འང(-vang)	平均
黏写总数	2290	909	665	30	94	
双标签正确切分数	2180	863	603	16	79	0.8364
双标签准确率	0.9520	0.9494	0.9068	0.5333	0.8404	

两个标签标注方法与一体化相比整体上提高了 0.0083，提升效果并不明显，与一体化结果一样，འམ 的切分比较差，在两种切分方法中，其效果一样，这是由于 འམ 中的一部分在句子末尾，它的后面是单垂符或者双垂符，如此下文不能提供太多的语言学特征，因此 འམ 的切分错误全部集中在这种环境中。如：

ནོར/N ཀྱང་/N ས་/N ཆ་/N ནས་/N ཨེ་/N ཧྲི་/N ཕྱི་/N ฐฉ/N ぱ/Y ฉิ/N ฐ/N ฉิ/N
N ฉฉ/N /|/Nฉ/N ฉฉฉ/N ฉิ/N ด/N ฉิ/N ฉ/N ฉฉฉ/N ฉิ/N ฉฉิ/N ฉ/N

Y གྱུར་/ N བཞས་/N /ྀ/ྂ/N ཁྱིད་/N ཀྱིས་/N ཟབཀས་/N བཏགས་/N ནས་/N ཟ་/N ྀུྂནས་/N /ྀ/

按照五个标签标注的黏写形式切分结果如表 31 所示。

表 31　五标签黏写形式切分结果

	-ི(-vi)	-ར(-r)	-ས(-s)	-ཟམ(-vam)	-ཟང(-vang)	平均
黏写总数	2290	909	665	30	97	
五标签正确切分数	2157	853	595	16	73	0.8122
五标签准确率	0.9419	0.9384	0.8947	0.5333	0.7526	

五个标签标注测试中，-ི 的准确率仍然最高，但是要低于规则切分准确率。

测试语料的 1955 句中的 ཚང་被错误标注为 ཚང་/N。ཚ 最容易与 ི(-vi)、ར(-r)、ས(-s)三个黏写语素构成黏写形式，与 ཟང 构成的黏写形式并不多，这里发生了错误，可能是数据稀疏导致的。

ཚང་/N ཚྭནས་/N ཟ་/N ྂ་/N ྂྂ་/N གྱུར་/R ྂག་/N ཟྀྂར་/N ྂར་/N མེད་/N ྀྂ་/N ང་/N ཚ་/N ཟྀྂད་/N ཟ་/N ྂྂ་/N ྂ་/N གཟང་/N ྀྂན་/N ྂད་/N ཟ་/N ཟང་/N ྀ/N /

4.3.4　基于统计和规则相结合实验

前面谈到过，藏语黏写形式所构成的音节与正常音节存在同形的情况，尤其是 ས（sa）和 ར（ra）构成的黏写形式，如 ཚོས（tshos），ཚོར（tshor），我们把这类音节统称为"疑似黏写形式"，在音节切分阶段把它们当作黏写形式切分，然后再根据上下文环境进行组合。这里需要提出一个概念叫子音节（Sub-Syllable），所谓子音节是指等于或者小于音节的单元，如 ཚོས 的子音节可以是 ཚོས、ཚོ 和 ས，ཚོར 的子音节有 ཚོར、ཚོ 和 ར，两个及两个以上的子音节可以构成一个词。假如用 B 表示词的开始子音节，E 表示词的结尾子音节，M 表示词中的子音节，S 表示独立子音节。示例如下：

དགེ་/B ཉིན་/E ར་/B ཉིན་/E ལྭགས་/S ཀྱི་/B ལ་/E སྙིལ་/B ཕྱུག་/E ལ་/S"/S རི་/B རིང་/E གི་/S ལ་/B ས་/M ཀ་/E རི་/B རིང་/E རིང་/S དཀ་/B ས་/E /S

其中 ཀྱི་/B ལ་/E、ལ་/B ས་/M、དཀ་/B ས་/E 尽管在此句中不是真正的黏写形式，但都作为"疑似黏写形式"来处理。它们都被切分成子音节。但 ལྭགས་/S 中的 ས 处于再后加字的位置，根据拼写规则可以排除其构成"疑似黏写形式"的嫌疑，只是作为单独子音节处理。实验中，训练语料和测试语料与其他实验保持一致，其结果如表 32 所示。

表 32　规则与统计结合的黏写形式切分测试结果

	-ི(-vi)	-ར(-r)	-ས(-s)	-འམ(-vam)	-འང(-vang)	平均
黏写总数	2290	909	665	30	97	
规则与统计结合正确切分	2290	909	649	29	95	0.9801
准确率	1.0000	1.0000	0.9759	0.9667	0.9588	

从表 32 可见，规则和统计相结合的方法对黏写形式的切分效果十分明显，平均准确率达到了 0.9801。由于避免了单纯统计方法中，低频黏写形式切分准确率低的情况，使整体效果大幅提升。

前面讨论了不同方法对黏写形式的切分，总体上看，由于不同的黏写形式的分布呈现较大的差别，因此不同类型的黏写形式的切分准确率也呈现较大差别，总体上差别不大，如图 7 所示。图 8 列示了各种方法切分的效果。可以看出，规则方法对于那些出现频率低，规则明显的黏写形式效果显著，但对于高频黏写形式表现不佳，相反，统计方法对高频黏写切分效果要好于低频黏写形式。

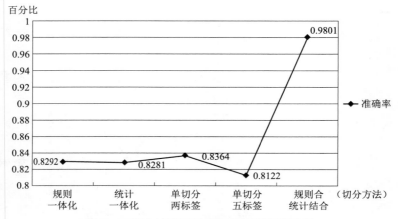

图7 不同方法黏写形式切分的平均准确率

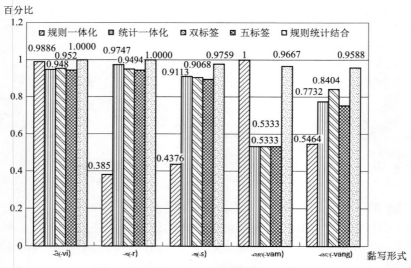

图8 不同方法对不同黏写形式切分效果

第 5 章

基于规则的藏语分词研究

5.1 规则分词

分词是计算机词法分析中十分重要的一步。根据语言类型的不同，分词的内涵有所不同，对于黏着型语言（如维吾尔语）和屈折型语言（如英语）来说，分词就是把一个词中的"词干"离析出来，然后再分析词干与词缀的构成方式；对于分析型语言（汉）来说，分词就是把一个单词序列中的词切分出来。对于藏语来说，有一些特殊，藏语的分词工作任务介于英语和汉语之间，分词既包括对一些黏写形式（相当于词缀）进行离析，也包括把一个单词序列中的词切分出来，这里先举个例子来说明，藏语分词中的两类任务。

Wuvu dbying ces lung dkar nor buvi gling dgon pavi sprul sku nor rgyal grags par mjal vphrad gnang ba.

吴英杰接见龙卡寺的活佛罗杰扎巴。

句中有三处标记 g 的地方，ཅེ/gས，དགོན་པ་འི་/g，ཕྲད་རྒྱལ་གྲགས་པ་/x/g，这是藏语中的黏写形式，ཅེ 与前面 ཝུའུ་དབྱིང 一起构成人名 ཝུའུ་དབྱིང་ཅེ（吴英杰），པ 与前面 དགོན 构成词 དགོན་པ（寺庙），པ 与前面 ནོར་རྒྱལ་གྲགས 一起构成人名（罗杰扎巴）。为了能够正确地切分出这几个词，首先需要对带有黏写的音节进行切分，如 ཅེས 切分为 ཅེ/ས，འི 切分为 པ/འི，པར 切分为 པ/ར。然后在此基础上，对这个句子中的 ཝུའུ་དབྱིང་ཅེ、དགོན་པ、ནོར་རྒྱལ་གྲགས་པ 进行切分。完成了这两个任务，也就达到了对藏语分词的目的。为了达到这个目的，必须要采用一定的方法，本章主要讨论以规则方法对藏语分词。基于规则方法的分词需要一部词典，具体切分方法有多种，如采用最大匹配法、全切分法、最短路径法、逐词遍历匹配法等。

5.1.1 最大匹配分词法

最大匹配分词方法可以根据匹配的方向不同分成正向最大匹配与逆向最大匹配和双向最大匹配。

正向最大匹配（Maximum Matching Method, 简称 MM 法），这种方法预先准备一个词表，然后从需要被切分的子串中，按照从左至右的顺序截取一个定长的字符串（藏语中，通常由几个音节构成，音节之间有分音点 ཚེག "tsheg" 分隔），与词表中的词进行匹配，如果匹配成功则获得一个分词单位，如果匹配失败，则词切分不成功。这里定长的字符串就是最大词串，用 MaxLen 表示（由若干个藏语音节构成，音节之间有分音点，如 ཚོགས་པར་གང 有三个音节，两个分音点，这里假设 MaxLen 包含有 x 个藏语音节，标点符号同样算作一个音节）。如果词切分不成功，则 x-1 个音节构成的字符串与词典匹配，如果匹配成功则获得分词单位，如果失败，再与 x-2 个音节构成的字串与词典匹配，依次类推，直到最后一个音节。这个过程以下面句子为例来说明：

ཁན་ལགས་དེ་ཉམས་མྱོང་ཞེ་དྲགས་ཡོད་རེད། "那个老师很有经验。"

词典：ཁན་ལགས་、དེ་、ཉམས་མྱོང་、ཞེ་དྲགས་、ཡོད་རེད་、།

设最大词串为 5（指 5 个音节）

首先待切分字串 ཁན་ལགས་དེ་ཉམས་མྱོང་ཞེ་དྲགས་ཡོད་རེད། 中从左至右选取 5 个音节，即是 ཁན་ལགས་དེ་ཉམས་མྱོང་，查词典，查询结果未成功；选取 4 个音节，ཁན་ལགས་དེ་ཉམས་ 查词典，查询结果未成功；选取 3 个音节 ཁན་ལགས་དེ་ 查词典，查询结果未成功；选取两个音节 ཁན་ལགས་ 查词典，词典中有 ཁན་ལགས་，匹配成功，切取分词单位成功，假定在匹配成功词的后面加"/"表示分词单位边界。那么待切分句子经第一次切分后的结果为 ཁན་ལགས་

ད་ཤེ་ནུམས་ཀྱོང་ཞེ་དགས་ཡོད་རེད། 然后再选取 5 个音节 ད་ཤེ་ནུམས་ཀྱོང་ཞེ་དགས 重复上述的各个步骤,最终获得分词单位 ད。以此类推句子切分结果为 ནན་ལགས/ད/ཤུམས/ཀྱོང/ཞེ་དགས/ཡོད་རེད/།。

逆向最大匹配法(Reverse Maximum Matching Method,简称 RMM 法)的基本原理与 MM 法相同,只是在切分分词单位时的方向不一样,与正向最大匹配法从左至右不同,逆向最大匹配法扫描的方向是从右至左取字符串进行匹配。以 ནན་ལགས་ད་ཤེ་ནུམས་ཀྱོང་ཞེ་དགས་ཡོད་རེད 为例,假设最长字符串为 5 个音节,第一次切取 5 个音节是 ཞེ་དགས་ཡོད་རེད 查词典,匹配不成功;取 4 个音节 དགས་ཡོད་རེད 查词典,匹配不成功;取 3 个音节 ཡོད་རེད 查词典,匹配不成功;取两个音节 རེད 查词典,匹配不成功;取一个音节 ། 查词典,匹配成功,以"/"为分词单位边界,最终分词结果为 ནན་ལགས/ད/ཤུམས/ཀྱོང/ཞེ་དགས/ཡོད་རེད/།。

双向最大匹配法,它不是一种独立的分词方法,只是把正向最大和逆向最大匹配法结合起来使用,对待切分字串实现两次扫描切分,然后再对两次切分的结果进行比较分析,如果两次切分的结果完全一致,则分词正确,如果两次切分结果不一致,则需要采取其他方法来干预,从两种结果中选取一种正确的切分结果。如下面的句子:

ད་ཀྱུབ་ཀྱུག་གསར་པ་རེད 那是新凳子。

假设词典为: ད་、ཀྱུབ་ཀྱུག་、གསར་、པ་རེད

按照正向最大匹配分词结果为: ད/ཀྱུབ་ཀྱུག/གསར་པ/རེད/།

按照逆向最大匹配分词结果为: ད/ཀྱུབ་ཀྱུག/གསར/པ་རེད/།

两次扫描结果不一致,需要对两种结果筛选,根据上下文信息,可知正向最大匹配分词结果为正确结果。

5.1.2 逐词遍历匹配法

逐词遍历匹配法,是指把词典中的词按照由长到短的顺序,逐词与待切分的字串进行匹配,直到把字串中所有的词都切分出来为止。由于这种方法要把词典中的每一个词都匹配一遍,例如:待切

分字串 མི་དེ་དང་ང་གཉིས་ཕྱུག་གཉིས་ལ་ཡིན། ，词典中的词有：མི་、དེ་、དང་、ང་、གཉིས་、ཕྱུག་、གཉིས་、ཡིན་、། ，通过对词典排序，这里最长的词有两个音节，排序的结果为 ཕྱུག་、གཉིས་、ང་……（以基字为对象排序）。首先在待切分字段中查找 ཕྱུག་，匹配成功，查找 གཉིས་，匹配成功，依次类推，直到把语料中的所有的词都切分出来为止，由于这种方法要把词典中的每一个词都匹配一遍，需要花费很多时间，算法的时间复杂度相应增加，切词的速度较慢，效率不高。

5.2　藏语规则匹配分词存在的问题

以最大匹配方法对藏语文本分词是早期藏语分词的主流技术，要实现这个分词目标，需要一部排序的词典。但是只是依靠一部词典来分词会遇到一系列的问题，这些问题包括：藏语黏写形式构成的音节（一种特殊的未登录词），第 4 章已经做了详细阐述，这里不再叙述。带切分的字串中包含词典中未收录的词（未登录词）；切分歧义（交集型歧义和综合型歧义）等。

5.2.1　未登录词对分词的影响

未登录词是指没有被收录在分词词表中但必须切分出来的词，包括各类专有名词（人名、地名、企业名等）、缩写词、新词新语等。未登录词对分词的影响，首先是未登录词的数量，它与词表的规模密切相关，如果词表足够大，未登录词少，对分词效果影响小；如果词表规模小，未登录词就多，对分词效果影响就大。目前藏语规则分词的词表标准不统一，规模大小也不一样，因此未登录词对不同的分词系统的影响不一致。另外藏语的未登录词与黏写形式交织在一起，使分词错误更加严重。如 ཕྱུག་དཔོན་ཅེ་ས་/འཇིགས་ཤིང་/ཚོ་ཁང་/དུ་/བརྒྱག་ཞིག་/གནང་/བ་/། ས་འཇིག་ཚོ་/ཚོ་ཁང་/དུ་/བརྒྱག་ཞིག་/གནང་/བ་/།/这个句子，ཕྱུག་དཔོན་ཅེ 是未登录词，但与 ས 一起又构成一个黏写形式 ཅེས，这个人名的切分用还原法也难以处理。

5.2.2　歧义切分对分词的影响

所谓歧义指对于同样的一个字符串，存在两种或者更多的切分结果。分词切分歧义主要有两种：交集型歧义和组合型歧义。

所谓交集型歧义是指：字符串 ABC，AB、BC 同时为分词单位。例如 ང་ཚོ་ཆོས་ས་སྐོབ་གྱ་བ་གསར་པ་ཡིན་ན་ 中 སྐོབ་གྱུབ་ 切分错误，སྐོབ་གྱུབ་ 是分词单位，སྐོབ་གྱུ 是分词单位，གྱུབ་ 也是分词单位。它的切分结果可以是 སྐོབ་གྱུབ་，སྐོབ་གྱུ 和 གྱུབ་，本例句的正确切分应为 སྐོབ་གྱུབ་。

所谓组合型歧义是指，字符串 AB，AB、A、B 同时为分词单位。ང་ས་ཚེ་འུ་ཡིན་ན་，中的 ས་ཚེན་ 是分词单位，ས 和 ཚེན་ 也分别是分词单位。本例句正确切分应为 ས་ཚེན་。

5.3　基于规则分词方法的改进

基于规则的分词方法有这么多的问题，怎样才能提升分词效果呢？学者们根据藏语的实际情况提出了一些改进的处理策略。这些策略包括基于格助词的组块分词策略，添加词频统计数据等，下面主要讨论这两个方面。

5.3.1　基于组块的分词改进

藏语句子中有一些标记特征词，通常称之为格助词或者助词，标记特征词天然地把一个句子（待切分字串）分割成功能上相对独立的块，称之为组块。如果利用这些标记把待切分字串分成短块，再根据不同需要进行块内分词或者直接以块的方式储存，以备不同的需求。这样可能对减少切分歧义有所帮助。采用这种思路分词的论说最早由陈玉忠[45][21]等提出。下面以简单的例子来说明这个分词过程。

假设分词词库包括两个部分，分块标记库和分词词表，分块标记有 གྱིས་、ར་、ས་、། 等，词表中词条有 རྣན་ལགས་、རྩུག་གུ་、དེ、ར་、ཏྲི་、

ༀ、བཅད、།。待切分字串 ཉེན་ལྐགས་ཀྱི་ཕྱུག་གུ་ཡི་བ་ཙ་ལ་བཅན 分块结果为：ཉེན་ལྐགས་/ཀྱི་/ཕྱུག་གུ་/ཡི་/བ་ཙ་ལ་བཅན/།/，这样再根据需要对 ཉེན་ལྐགས་、ཕྱུག་གུ་ 和 ཙ་ལ་བཅན 进行分词。由于块所构成的字符串长度小，一定程度上减少了歧义切分问题。但是由于分块标记又可以作为一个语素与其他的语素一起构成一个词，文献[4]称之为"临界词"，为了判断是分块标记还是临界词，就需要对临界词进行识别，刘汇丹等在分词词典中，设置了13936条临界词，并提出了一种识别临界词的算法[46]。实验结果表明，格助词分块的分词方法对于提高分词速度比较明显。

5.3.2　加入词频信息

词频信息是指词在一定规模文本中的使用频度信息。在藏语中，词频的统计数据目前也没有一个权威的、公开的统计结果。从现已发表的成果来看，卢亚军编撰过一本《现代藏文词频词典》[47]，是藏语首部词频词典，具有一定的开创性，但是由于文本收集方面还存在较多的缺陷，因此也削弱了它在信息处理中的作用。

在分词中，存在分词歧义，最直接的处理策略就是给词赋予词频，这样，当遇到歧义切分时，选择词频高的词作为最终切分结果，在一定程度上可以避免一些歧义切分。如：

ཁོང་འགོ་ཁྲིད་གསར་པ་རེད 他是新领导。

正向最大匹配分词结果为：ཁོང་/འགོ་ཁྲིད་/གསར་པ་/རེད/།/

逆向最大匹配分词结果为：ཁོང་/འགོ་ཁྲིད་/གསར་/ པ་རེད /།/

如果用词频信息来判断这两种分词结果哪一种是正确的，需要对 གསར་པ་、གསར་、རེད、པ་རེད 的词频进行比较，假如给 གསར་པ་、གསར་、རེད、པ་རེད 的词频为分别为10、8、5、3、2，通过比较 གསར་པ་、གསར་ 的词频，选择 གསར་ 为最终切分结果。但有时候也会遇到麻烦，如：这里的 རེད 和 པ་རེད 同为分词单位时，且前者频率高于后者，如果以 རེད、པ་རེད 为准，则以逆向最大匹配分词结果为最好；如果以 གསར་པ་ 和 གསར་ 为准，则以正向最大匹配分词结果为最好。因此，频率的取舍也需要考虑其他的因素。

5.3.3　设立切词标记

　　所谓设立切分标记，是根据藏语的语言情况，对规则匹配方法的另一种改进措施，前文谈到以格标记及助词作为分块的块内分词思路。除了格标记及助词之外，藏语中还可以找到一些切分标记，包括一些封闭词类和前后缀。词的后缀可以作为一个词或分词单位的右边界，藏语中带有后缀的词比较丰富，如常见的后缀有：པ་、བ་、པོ་、བོ་、མ་、ཅ་、མཁན་、ཚན་、ཡན་ 等。封闭词类由于数量少，使用频率相对较高，也可以作为词切分标记，如副词，ཅུང་、ཞེ་དྲགས་、、ཤུགས་བ་ 等，否定副词 མ་、མི་ 等；人称代词、指示代词等也可以作为切分标记；除此之外还有复数标记、话题标记 ནི་、敬语标记、名词化标记、体标记等。如下面的一段文本，通过格标记与助词分块，再利用词切分标记初步分词的结果。

　　འདི་ག/ཚོགས་པར/ཁང་/དུ་/ནག་ཆུ་/ནས་/སྐྱོག་འཕེན་འཕྱུར་གསལ/　ཀླུ་11ཚོ་13ཉིན་སྟེངས་ཏང་ཡུང་/ཀྱི་/རྒྱུན་ལས/
/ཅུ་　ན་/གཉེན་པ་/སྤྱི་ཁྱིད་ཅེ་འདི་/སྟོང་ཅ་ཆུ་ཁང་/དུ་/ཡིངས་ཟ/ཏེ་/ཞིང་དུ་/ལ་/འཆམས་འདི་/དང་// མཛས་/ཀྱི་/གཏན་
ཚལ་མཆེན་དོགས/ ཀ/ བདག་སྟེང་དུ་/འཛེ་ཤེས་ཀྱི་/སྐོར་སྟེང་/ཅ་བ/ ཞེ་འགོག་ཚོགས་ཆེ་/བོང་ཚོར་བཙན་སྐོང་ཤོང་
/པར་ཕྱགས་འཛི་/ཞེ་/དང་/གཞིགས/ ཀ/ ཏ/འཆམས་འདི་/བཤད/གཉན་/ནས་/ "/མང་ཚོགས་ལས་སྤོགས་མཐའ་འཕྲོངས/ དང་/ཞེ་
མཐུན་འཕྱི་ད་སྐྲུན་/ཀྱུ་ི/ " /བཤད་/དོན་ཚོ་ཙ་/ཀ/ སྐོར་གནས་/ཅ/ བྱེད་སྐྱོལ་འདེ/ དང་/དོ/འཁུར་/བྱས/ མཆེན་/མཐའ་དོགས
/གཉང་/བ་རེད/་/

　　这段文本中作为切分标记的有代词：འདི་ག་、音译借词 ཅུ་ཅ་、连词 ཏེ་、དང་、ནས、格标记 དུ་、ནས་、ཀྱི་、ལ་、ནི་；名物化标记 ཀྱུ་、ཤལ་、བ་；动词后缀 བྱས་、གནང་ 以及标点符号切分标记 ，从切分情况来看，大部分词已经被分开，切分效果比较理想。当利用这种切分标志进行切分词时，先要找出切分标记，把句子切分成一些较短的字串，然后再用匹配方法进一步把词切分出来，这种方法实际上是对格标记分块的进一步细化，由于标记比较多，切词时需要额外消耗时间来扫描切分标记，同时切分标记也会存在交集型歧义问题，因此在处理过程中还得花费存贮空间来存放非自然的切分标志，使切词算法的时间复杂度和空间复杂度都大大增加了。

5.3.4　词典排序的改进

　　基于词典匹配的分词系统所需要的各类信息（知识）都要从分词词典中获取，因此，分词词典的查询速度会直接影响到分词系统的速度。对分词词典改进的目的在于提高分词的速度。

　　在利用分词词典分词时，根据查询方式的不同，可以大致分三种基本方式[48]：第一种，在分词词典中查找特定词，这个方法如关键词查询一样，如给定一个词 ཀུན་ཚ，在词典中找到 ཀུན་ཚ 所在的位置，获得该词的各项属性信息；第二种，在待切分字串中查找某一指定位置开始的最长字串，这种方法相当于前文谈到的最大匹配分词法，当最长字串动态变化时，就相当于关键词不确定，因此需要首先确定相同长度的所有词，然后再确定词本身，如要查询 ཀྲ་གཅིག་ཤིས་ཀ་གཅིག 这个词，首先在词典中找出所有 4 个音节长度的词，假设有 100，然后再从这 100 个词中确定该词本身；第三种，在待切分字串中一次性找出所有的词典词，这个方式对应全切分分词方法。孙茂松等人[48]通过对汉语分词词典机制的实验研究，得出的结论为基于逐字二分的分词词典机制比较简洁、高速，可以最大程度的满足实用型汉语自动分词系统。

5.4　规则分词评测标准及实验分析

　　评测这个术语在语言理论研究中并不常见，但是在语言学工程研究中，很难不使用这个术语。这里的所谓"评"就是评价，"测"就是进行数据测量，我们认为使用"测评"更容易说明问题，只有测试了，有了数据参考，才有评价的依据，才可能对其进行评价、评述，否则妄加评论，就会无的放矢。我经常把"评测"说成测评，我想原因可能是我作为非计算机专业背景，在理解上的一种偏误吧。在同样的评测标准框架下进行实验研究，得到的数据才有横向比较的价值，这一点应该没有学科背景知识的差异。

5.4.1　分词评测标准

分词评测标准采用了信息检索中常用的准确率（Precision）、召回率（Recall）和 F（F-Measure）值三个指标。准确率是指在切分出的全部词语中，正确的词语所占的比值；召回率是指在所有切分出的词语中，正确切分的词语所占的比值；在实际评估分词切分效果时，应同时考虑准确率和召回率，但要同时比较两个数值，很难做到一目了然。通常采用综合两个值进行评价的办法，综合指标 F值就是其中一种，F 值是指准确率与召回率的乘积除以准确率与召回率之和。三项指标的计算公式如下：

P＝准确切分的词语数/切分出的所有词语数

R＝准确切分的词语数/应该切分的词语数

F＝2×准确率×召回率/（准确率＋召回率）

在本书研究中，不管是规则方法还是统计方法，分词效果的评估都以上述三个指标为准，由于目前没有藏语分词评测软件，本书的评测主要根据国际中文分词测评（SIGHAN）的标准[49]来对藏语分词进行评测，在第二届国际汉语分词测评资源包 icwb2-data 中提供了三个文件 gold、test、score，分别是分词标准答案、分词测试文本和分词评分结果，在 icwb2-data/scripts 目录下含有一个用来对分词进行自动评分的 perl 脚本 score，下面以具体的例子来说明评测的步骤。

对句子进行分词：གྲུང་དབྱངས་ཤ་སྐྱལ་མཛུབ་ཁྲིད་ཚོགས་ཆུང་ལག་བདུན་པས་རང་ཕྱོངས་ཀྱི་ཕྱོར་གས་ལག་ཞེན་ཕྱེད་ཕྱོའི་ཉེ་ཧུས་ལས་དོན་གྱི་སྐྱན་ཤེང་གནན་པ།

获得分词结果，以空格表示词之间的间隔：གྲུང་དབྱངས་ ཤ་སྐྱལ་ མཛུབ་ཁྲིད་ ཚོགས་ཆུང་ ལག་ བདུན་ པས་ རང་ཕྱོངས་ ཀྱི་ ཕྱོར་གས་ ལག་ཞེན་ ཕྱེད་ཕྱོ་ བི་ ཉེ་ཧུས་ ལས་དོན་ གྱི་ སྐྱན་ཤེང་ གནན་ པ །，并保存到 test 文件中。

把标准答案保存到 gold 文件中，运行 perl 脚本 score，评测结果保存到 score 文件中。打开 score 文件，结果如下：

--gold.txt-------test.txt----1

གྱུང་དྲུང་	གྱུང་དྲུང་
ལྦ་སྐུལ་	ལྦ་སྐུལ་
མཚོབ་ཁྲིད་	མཚོབ་ཁྲིད་
ཚོགས་ཆུང་	ཚོགས་ཆུང་
ཁག	ཁག
བདུན་པ	༏བདུན་
ས་	༏པས་
རང་སྐྱོངས་	རང་སྐྱོངས་
ཀྱི་	ཀྱི་
སློབ་གསོ་	སློབ་གསོ་
ལག་ལེན་	ལག་ལེན་
ཆེད་སྨྲོ་	ཆེད་སྨྲོ་
འི་	འི་
ཉེ་དུས་	ཉེ་དུས་
ལས་དོན་	ལས་དོན་
གྱི་	གྱི་
སྐྲན་སེང་	སྐྲན་སེང་
གསལ་	གསལ་
བ	བ
༎	༎

INSERTIONS: 0

DELETIONS: 0

SUBSTITUTIONS: 2

NCHANGE: 2

NTRUTH: 20

NTEST: 20

TRUE WORDS RECALL: 0.900

TEST WORDS PRECISION: 0.900

=== SUMMARY:
=== TOTAL INSERTIONS: 0
=== TOTAL DELETIONS: 0
=== TOTAL SUBSTITUTIONS: 2
=== TOTAL NCHANGE: 2
=== TOTAL TRUE WORD COUNT: 20
=== TOTAL TEST WORD COUNT: 20
=== TOTAL TRUE WORDS RECALL: 0.900
=== TOTAL TEST WORDS PRECISION: 0.900
=== F MEASURE: 0.900
=== OOV Rate:　　1.000
=== OOV Recall Rate:　0.900
=== IV Recall Rate:　　--
test.txt　0　0　2　2　20　20　0.900　0.900　0.900
1.000　0.900　--

　　Gold 列是标准答案，test 列表示切分结果，当两列不一致时，用"|"标示。对上述各种术语的解释可以参看 SIGHAN 评测相关文件。从上面的结果可以看出本次评测的综合结果为准确率、召回率和 F 值都为 0.90%。

5.4.2　分词评测语料

　　评测语料通俗地说就是公共语料，分词研究者使用这些公共语料进行模型训练和分词测试，以相同的评测方法和评测软件对不同分词系统分词结果进行评测，这样的结果有助于不同系统分词性能的比较。在第二届国际汉语分词测评中使用了中国台湾"中央研究院"、中国香港城市大学、北京大学与微软亚洲研究院四家单位提供的测试语料。在资源 icwb2-data 中包含这四家单位提供的训练集（Training）、测试集（Testing），以及根据各自的分词标准而提供的相应测试集的标准答案（icwb2-data\scripts\gold）。在

icwb2-data/scripts 目录下含有一个用来对分词进行自动评分的 perl 脚本 score，评测脚本使用的详细情况请参看附录 5。

本书所使用的分词评测语料来源于中国社会科学院民族学与人类学研究所研制的藏文语文教材字性、词性、分词切分语料库，语料库详情请参看附录 3。

5.4.3　最大匹配分词实验

（1）封闭测试结果

词表获取。本项研究的词表从测试语料库中抽取，总词表包括 7537 个词，词表中包括词和各种标点符号、数字、其他特殊的符号等，测试语料 3892 句。在封闭测试中，采用了理想词表，即不会遇到未登录词，因此在切分错误中就不存在由未登录词导致的错误。正向最大分词测试数据如表 33 所示。

表 33　正向最大分词测试结果

测试句子	切分词数	实际词数	准确率	召回率	F 值
3982	46318	47743	0.942	0.914	0.928

从表 33 中可以看出，在理想词表情况下，封闭测试的效果并不好，准确率、召回率和 F 值分别只达到了 0.942、0.914 和 0.928。

表 34　逆向最大匹配分词测试结果

测试句子	切分词数	实际词数	准确率	召回率	F 值
3982	46300	47743	0.937	0.909	0.922

从表 34 可以看出，采用逆向最大匹配封闭测试结果准确率、召回率和 F 值分别是 0.937、0.909 和 0.922。与正向最大匹配相比各项测试指标分别减低了 0.005、0.005、0.006。在汉语分词研究中，一般认为逆向最大匹配分词结果要比正向最大匹配分词结果好。从我

们的测试结果来看，藏语与汉语有一定的差异，导致这种差异最主要的原因可能是藏语中的黏写形式。

双向最大匹配需要依靠词频信息，我们从标准答案文本中提取分词单位并获得分词单位的频率。表 35 列示了部分高频分词单位和频率数据。

表 35　分词单位及频率表

分词单位及频率	་=3976	དང=1034	ས=920	ནས=682	ཞིག=468
	ི=2295	ར=994	རེ=729	གྱི=583	གི=455
	པ=1854	ལ=986	བ=710	དུ=546	ཡིན=452

当加入词频信息后，再进行实验，采用正向、逆向，双向匹配模式，其结果如表 36 所示。

表 36　带词频的匹配分词结果

	测试语料句子	切分词数	实际词数	准确率	召回率	F 值
正向	3982	46243	47743	0.955	0.925	0.939
逆向	3982	46276	47743	0.938	0.909	0.923
双向	3982	46225	47743	0.956	0.926	0.941

从表 36 可以看出，采用双向最大匹配方法的封闭测试结果准确率、召回率和 F 值与采用单向最大匹配法相比有一定程度的提高，分别是 95.2%、92.1% 和 0.937。三种方法测试结果的比较如图 9 所示。

但是从切分出的单词数量看，逆向最大匹配法切分出的词数最多，为 46225，其次是正向最大匹配，双向最大匹配切分出的词数最少，如图 10 所示。

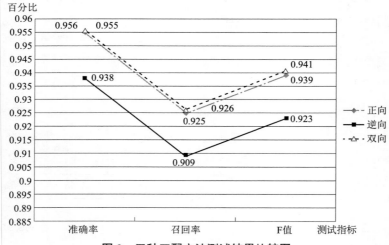

图9 三种匹配方法测试结果比较图

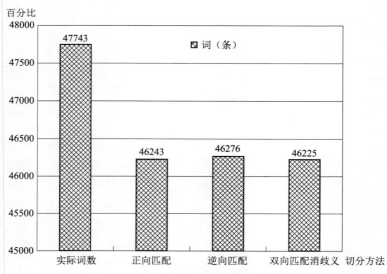

图10 三种规则匹配切分单词数量比较

（2）封闭测试错误分析

第 14 句采用三种方法切分都出现一定的错误，单个句子的测试评分情况如表 37 所示。在这个句子的切分处理中，词频信息未起作用，因此双向匹配的结果取正向最大匹配结果为最终结果。

表 37　单个句子的测试评分结果

方法	错误数	准确率	召回率
正向最大匹配	2	0.932	0.891
逆向最大匹配	3	0.886	0.848
双向最大匹配	2	0.932	0.891

--gold.txt-------test.txt----14

标准答案： གཏན་སྒྲུབ་ཞིང་ལྕང་གི་དེ་སྔ་ཅི་ཧྱུའུ་ཅེ་བཙས་ཡིན་ལ་པའི་ཧྱུའུ་དཀའ་ཡིས་ཚོགས་གཙོ་གནང་། བའི་ཀྱང་དབང་གི་སྐ་སྐྱལ་བཙོ་བྱེད་ཚོགས་ཀུང་བདུན་ལ་སྐ་ལང་ཁྲེར་དང་གཞིས་ས་ལ་ཐུ་རང་སྐྲིངས་གི། དང་གི་མང་ཚོགས་ལས་ཚོ་གས་ཀྱི་སྐྲོ་གས་ལག་ལེན་བྱེད་སྐར་བཅག་ཞེན་དང་མཇུག་བྱེད་གནང་ཞེན།

正向最大： གཏན་སྒྲུབ་ཞིང་ལྕང་གི་དེ་སྔ་ཅི་ཧྱུའུ་ཅེ་བཙས་ཡིན་ལ་པའི་ཧྱུའུ་དཀའ་ཡིས་ཚོགས་གཙོ་གནང་། བའི་ཀྱང་དབང་གི་སྐ་སྐྱལ་མཇོ་བྱེད་ཚོགས་ཀུང་བདུན་ལ་སྐ་ལང་ཁྲེར་དང་གཞིས་ས་ལ་ཐུ་རང་སྐྲིངས་གི། དང་གི་མང་ཚོགས་ལས་ཚོ་གས་ཀྱི་སྐྲོ་གས་ལག་ལེན་བྱེད་སྐར་བཅག་ཞེན་དང་མཇུག་བྱེད་གནང་ཞེན།

逆向最大： གཏན་སྒྲུབ་ཞིང་ལྕང་གི་དེ་སྔ་ཅི་ཧྱུའུ་ཅེ་བཙས་ཡིན་ལ་པའི་ཧྱུའུ་དཀའ་ཡིས་ཚོགས་གཙོ་གནང་། བའི་ཀྱང་དབང་གི་སྐ་སྐྱལ་མཇོ་བྱེད་ཚོགས་ཀུང་བདུན་ལ་སྐ་ལང་ཁྲེར་དང་གཞིས་ས་ལ་ཐུ་རང་སྐྲིངས་གི། དང་གི་མང་ཚོགས་ལས་ཚོ་གས་ཀྱི་སྐྲོ་གས་ལག་ལེན་བྱེད་སྐར་བཅག་ཞེན་དང་མཇུག་བྱེད་གནང་ཞེན།

双向最大： གཏན་སྒྲུབ་ཞིང་ལྕང་གི་དེ་སྔ་ཅི་ཧྱུའུ་ཅེ་བཙས་ཡིན་ལ་པའི་ཧྱུའུ་དཀའ་ཡིས་ཚོགས་གཙོ་གནང་། བའི་ཀྱང་དབང་གི་སྐ་སྐྱལ་མཇོ་བྱེད་ཚོགས་ཀུང་བདུན་ལ་སྐ་ལང་ཁྲེར་དང་གཞིས་ས་ལ་ཐུ་རང་སྐྲིངས་གི། དང་གི་མང་ཚོགས་ལས་ཚོ་གས་ཀྱི་སྐྲོ་གས་ལག་ལེན་བྱེད་སྐར་བཅག་ཞེན་དང་མཇུག་བྱེད་གནང་ཞེན།

通过比较这个例子中的不同错误情况可以看到，在采用理想词表的情况下，导致分词错误的主要原因是黏写形式，如例子中的 བའི་、ལག་ལེན་བྱེད་/སྐྲོ་、བདུན་/ལས་ 都是由黏写形式或者黏写形式和切分歧义混合导致的错误。ལག་ལེན་བྱེད་/སྐྲོ་ 中由于 སྐྲོ་ 可能是 སྐྲ་ 和 ར་ 构成的黏写形式，也可能 སྐྲོ་ 单独成词，黏写形式和实词同形导致了切分错误。

（3）开放测试结果

与封闭测试相比，开放测试时，测试语料中的词与分词词表之间不是等同关系，如果用 wt 表示测试语料词表，wd 表示分词词表中的词，则 wt 和 wd 的关系有 wt 包含于 wd，即 wd 包括了 wt 中的词，此外还包括 wt 中没有的词。在这种情况下，wd 中多出的部分词可能影响匹配，增加组合型歧义字段；另一种情况是 wt 中的一些词不在 wd 中，这些词被称为未登录词，在实际分词过程中，这两种情况是最常见的。为此我们分别设计了相应的实验，以此考查规则分词中的一些问题。

实验一：扩大词表，使 wt∈wd。分词词表包括 18332 个分词单位，测试语料 3982 个句子，总分词单位数 47743，分词中，不会遇到未登录词，正向、逆向，双向消歧测试结果如表 38 所示。

表 38　采用扩大词表开放测试结果

	测试语料句子	切分词数	实际词数	准确率	召回率	F 值
正向最大匹配	3982	**45348**	47743	0.932	0.885	0.908
逆向最大匹配	3982	45435	47743	0.906	0.862	0.884
双向词频消歧	3982	45316	47743	**0.935**	**0.887**	**0.910**

利用扩大的词表对测试语料进行切分，双向词频消歧切分效果最好，准确率为 0.935，召回率 0.887，F 值 0.910。采用正向最大匹配切分时，切分的词数最多，为 45348 个。与采用理想词表切分最好效果相比，采用扩大词表切分的准确率、召回率和 F 值都出现了一定幅度的下降，以两种切分的最好结果来比较，准确率、召回率和 F 值分别降低了 0.021、0.039 和 0.031。这说明即使没有未登录词对分词结果影响，分词词表扩充后，也会导致分词效果降低。其中一个主要原因是随着词表扩充，黏写形式与实词同形的可能性就会增加，基于规则匹配分词对这种情况难以正确处理。

实验二：扩大词表，扩大词表 wt 的词超出了 wd，即有部分未登录词存在。前文已经谈过，本书所有语料按照 1:4 的比例进行分配，本实验中，测试语料仍然使用 3982 句语料，而分词词表中的词从剩下的 4 份中提取，保证测试语料中的部分词不出现在分词词表中。最终分词词表中有 16195 个分词单位。表 39 详细给出了各种匹配方法的测试结果。

表 39 采用扩大词表（包括未登录词）开放测试结果

	测试语料句子	切分词数	实际词数	准确率	召回率	F 值
正向最大匹配	3982	**48098**	47743	0.850	0.856	0.853
逆向最大匹配	3982	48160	47743	0.831	0.838	0.834
双向词频消歧	3982	48075	47743	**0.852**	**0.858**	**0.855**

由于存在未登录词，采用三种方法的分词效果出现较大幅度下降。与采用理想词表的最好结果相比，采用带有未登录词的扩大词表后，分词的最好结果的各项测试指标分别降低了 0.104、0.068、0.086。与采用扩大的没有未登录的词表分词最好结果相比，各项测试指标也分别降低了 0.083、0.029、0.055，这说明了未登录对分词准确率有较大的影响。从切分的词数来看，采用带有未登录词的词表，切分词数比实际词数要多，分别为 48098 个、48160 个和 48075 个。

基于匹配的规则分词由于分词词表的不同会导致分词结果大相径庭，在藏语分词的早期研究过程中，由于不同的研究单位和研究者采用了非统一的分词底表，各家分词结果难以横向比较，图 11 展示了在方法一致的情况下，采用不同分词词表的分词结果，可以看出，变换词表后，分词的准确率就可能相差约十个百分点，充分说明统一的、合理的分词词表在基于规则分词中的重要地位。

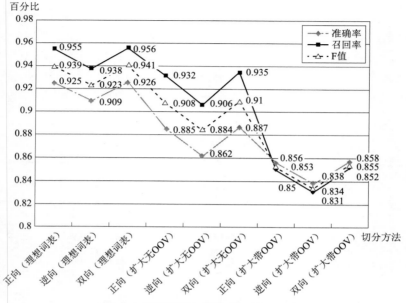

图 11 采用不同词表的分词结果比较

（4）开放测试错误分析

在开放测试中，分词错误集中在黏写形式切分错误、未登录词导致的错误、歧义字段切分错误。测试语料的第 2 句，采用不同词表和不同匹配方法获得的切分结果列示如下。

ཞིང་པ་/ རྟ/ ས/ ཁྲེལ་འཆང་/ ཆེན་པོ/ ས/ བཤམས/ ང་/ ཞིང་/ ༑/ （标准）

A1. ཞིང་པ་/ རྟ/ ས/ ཁྲེལ་འཆང་/ ཆེན་པོ/ ས/ བཤམས/ ང་/ ཞིང་/ ༑/ （理想词表正向）

A2. ཞིང་པ་/ རྟ/ ས/ ཁྲེལ་འཆང་/ ཆེན་པོ/ ས/ བཤམས/ ང་/ ཞིང་/ ༑/ （理想词表逆向）

A3. ཞིང་པ་/ རྟ/ ས/ ཁྲེལ་འཆང་/ ཆེན་པོ/ ས/ བཤམས/ ང་/ ཞིང་/ ༑/ （理想词表双向）

B1. ཞིང་པ་/ རྟ/ ས/ ཁྲེལ་འཆང་/ ཆེན་པོ/ ས/ བཤམས/ ང་/ ཞིང་/ ༑/ （扩大词表正向）

B2. ཞིང་པ་/ རྟ/ ས/ ཁྲེལ་འཆང་/ ཆེན་པོ/ ས/ བཤམས/ ང་/ ཞིང་/ ༑/ （扩大词表逆向）

B3. ཞིང་པ་/ རྟ/ ས/ ཁྲེལ་འཆང་/ ཆེན་པོ/ ས/ བཤམས/ ང་/ ཞིང་/ ༑/ （扩大词表双向）

C1. ཞིང་པ་/ རྟ/ ས/ ཁྲེལ་/ འཆང་/ ཆེན་པོ/ ས/ བཤམས/ ས/ ང་/ ཞིང་/ ༑/ （扩大带未登录词词表正向）

C2. ཞིང་/ ཚལ་/ བྱེ་/ འཚོ་/ ཅེན་པོ་/ ས་/ བཙས་/ མ་/ ང་/ ཞིན་/ ྋ（扩大带未登录词词表逆向）

C3. ཞིང་/ ཚལ་/ བྱེ་/ འཚོ་/ ཅེན་པོ་/ ས་/ བཙས་/ མ་/ ང་/ ཞིན་/ ྋ（扩大带未登录词词表双向）

在 ABC 三组错误切分例句中，斜体加粗部分是切分错误，正确切分结果应该为 ཚལ་，这是一个黏写形式，不管词表怎么变化，采用何种匹配策略，这个字串切分始终错误。说明了黏写形式不能完全依靠词表就可以解决。

C 组的下划线部分切分错误，是由于 བྱེ་འཚོ 和 བཙས་ས 是未登录词。

黏写形式切分错误中，除了黏写形式不能正确切分之外，还包括把正常音节当作黏写形式切分，如测试语料第 38 句的切分结果如下：

མེང་གི་/ ཚོན་པ་/ དེ་/ ཁར་/ ཕྱིན་/ ནས་/ ནང་/ དུ་/ བཙ་/ དྭ་ ནཚ/ དེ་/ དང་/ རང་/ དུ་/ འདུ་/ དེ་/ མེང་གི་/ ཞིག་/ ཡོང་/ བ་/ མཚོང་/ བ་/ དང་/ ྋ（理想词表逆向）

མེང་གི་/ ཚོན་པ་/ དེ་/ ཁར་/ ཕྱིན་/ ནས་/ ནང་/ དུ་/ བཙ་/ དུནཚ/ དེ་/ དང་/ རང་/ དུ་/ འདུ་/ དེ་/ མེང་གི་/ ཞིག་/ ཡོང་/ བ་/ མཚོང་/ བ་/ དང་/ ྋ（理想词表双向）

མེང་གི་/ ཚོན་པ་/ དེ་/ ཁར་/ ཕྱིན་/ ནས་/ ནང་/ དུ་/ བཙ་/ དྭ/ ནཚ/ དེ་/ དང་/ རང་/ དུ་/ འདུ་/ དེ་/ མེང་གི་/ ཞིག་/ ཡོང་/ བ་/ མཚོང་/ བ་/ དང་/ ྋ（理想词表正向）

斜体加粗部分采用理想词表正向和双向切分都是正确的，但采用逆向匹配时，把 དྭ 当作了黏写形式处理，后加字符 ས 被切分开，与后面的 ནཚ 构成了一个分词单位 ནཚ，ནཚ 在分词词表中存在且频率为 2。

འདུ་བླ་མ་ཆེ་/ འཕུར་/ བྱིན་/ པ་/ འཛིན་/ མ་/ ཐུན་/ ཕྱིར་/ རྒྱན་/ ར་/ ཡོང་/ དུས་/ ྋ（切分参考标准）

A. འདུ་བླ་མ་ཆེ་/ འཕུར་/ བྱིན་/ པས་/ འཛིན་མ/ ཐུན་/ ཕྱིར་/ རྒྱན་/ ར་/ ཡོང་/ དུས་/ ྋ（理想词表双向消歧）

B. འདུ་བླ་མ་ཆེ་/ འཕུར་/ བྱིན་/ པས་/ འཛིན་མ/ ཐུན་/ ཕྱིར་/ རྒྱན་/ ར་/ ཡོང་/ དུས་/ ྋ（扩大词表双向消歧）

C. འདུ་བླ་མ་ཆེ་/ འཕུར་/ བྱིན་/ པས་/ འཛིན་མ/ ཐུན་/ ཕྱིར་/ རྒྱན་/ ར་/ ཡོང་/ དུས་/ ྋ（扩大带未登录词双向消歧）

句子 ABC 中斜体加黑部分为切分错误，此处的 འགོག 并不是一个分词单位，འགོག 为动词，མ 为否定副词，但是 འགོགམ 也可以当作一个分词单位，是一个名词，意义为"大地的别名"，它被收录在词表中且频率为 2。但 འགོག 和 མ 也分别为一个分词单位，都收录在词表中，频率分别为 20 和 161，但是由于采用了最大匹配，因此被整体当作一个分词单位，这种歧义字段的切分错误依靠匹配方法难以避免。

5.4.4 基于黏写预处理的规则分词实验

黏写处理策略在第 4 章详细阐述过，为了说明黏写形式对藏语分词的影响，我们采用规则的方法对通过黏写预处理的文本进行分词，目的是可以形成对照。实验过程仍然采用正向最大匹配、逆向最大匹配和双向词频消歧三种方法，测试文本与前面实验文本相同，我们选择了扩大的带有未登录词词表作为分词底表进行实验，这种情况的分词实验与语言处理研究中的实际分词情况相符。具体的测试结果如表 40 所示。

表 40　黏写预处理分词实验结果

	测试句子	切分词数	实际词数	准确率	召回率	F 值
正向最大匹配	9301	**48734**	47739	0.864	0.882	0.873
逆向最大匹配	9301	48756	47739	0.862	0.880	0.871
双向词频消歧	9301	48715	47739	**0.868**	**0.886**	**0.877**

经过对黏写形式预处理后再采用匹配分词方法，经测试，双向词频消歧方法切分效果最好，准确率、召回率和 F 值分别为 0.868、0.886 和 0.877；正向最大匹配结果要略好于逆向最大匹配，各项测试指标分别都提高 0.002。这种方法与采用分词黏写一体化的规则分词相比，分词结果有一定的提升。图 12 详细展示了各项测试指标提升情况。

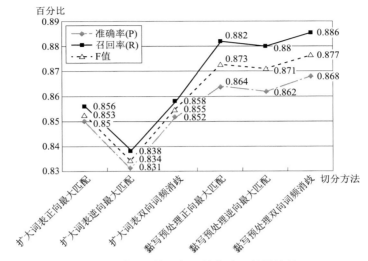

图 12　黏写预处理与一体化分词结果比较

从图 12 可以看出，黏写预处理之后的最好的切分结果要比规则方法中黏写分词一体化最好结果要好，各项测试指标分别提高了 0.016、0.022 和 0.0208，说明采用预处理黏写形式对提高分词精度有一定的意义。

5.4.5　基于格分块的规则分词实验

藏语分词研究的早期阶段，采用最多的分词思路是利用藏语的格标记先对输入字串进行分块，然后再进行块内分词。下面以具体例子来说明。

1. 输入待分词句子：ཞིང་པ་ཚོས་ཕྱིལ་འཆལ་ཅན་ཕོལ་བཙས་མ་ང་ཞིག

2. 辨识格标记，本句中有两个格标记，形式上都是 ས 且黏着在前面的音节上构成黏写形式。首先需要对黏写形式切分，切分结果为：ཞིང་པ་ས/ཕྱིལ་འཆལ་ཅན་ཕོ/ས/བཙས་མ་ང་ཞིག， ས 本身可以是实词，但是这里由于是从黏写形式中切分出来的，可以排除它为实词的可能，直接作为一个分词单位，标点符号也是天然的切分标记，可以直接切分。经过这个步骤，句子被切分成几个小块，分别是 ཞིང་པའོ་、ས་、ཐེབ་འཆོལ་ཆེན་པོ་、ས་、བཅས་མ་ང་ཞིང་、། 。然后把这几个块作为输入，利用分词词表进行匹配分词。

但是在利用格标记分块的过程中会遇到两个问题，一是格标记与实词有同形的可能，需要区分是格标记还是实词，二是与格标记同形的语素可能是一个词（分词单位）的构成成分，在利用格标记分块的过程中可能会把实词切碎。对于第二种情况有学者称之为临界词[4]，即包含有格标记的词。临界词的例子如：ཡི་གེ་、པ་གི་、ཀྱི་ཁུད་、ཀྱི་ཞིང་、གི་གུ་、མ་གི་、ཨི་གེ་、ཨི་ཤུག་ 等。格标记作为构词成分可以出现在词的始末和词中，为了避免把带有格标记的临界词切碎，需要把所有的词都放入临界词库。临界词的识别可以采用匹配的方式，但是两次匹配可能增加开销，使分词速度降低，同时也可能在两次匹配过程中出现交集型歧义。下面介绍刘汇丹所采用的方法。

记"特殊格助词"的集合为：Case={གི་,ཀྱི་,ཀྱི་,ཡི་,གིས་,ཀྱིས་,ཀྱིས་,ཡིས་}

假设包含"特殊格助词"的藏文句子 S 由 n 个音节构成，其中第 i 个音节是"特殊格助词"，即

$$S = S_1 S_2 \cdots S_{i-1} S_i S_{i+1} \cdots S_n, S_i \in \text{Case}$$

若临界词最大长度为 m 个音节（假设 $n \geq 2m-1$），则临界词可能的左边界和右边界均有 m 个，需要查词典共计 $(1 + 2 + \cdots + m) = m(m+1)/2$ 次，即使词典查询算法的时间复杂度是 O(1)，整个临界词识别算法的时间复杂度也要达到 $O(m^2)$，这将与最大匹配方法的时间复杂度相同，则整个系统的分词速度与不使用格助词分块直接应用最大匹配方法相比将不可能有明显提高。

我们使用 Trie 树来降低临界词识别算法的时间复杂度。假设临界词 w 由我们使用 Trie 树来降低临界词识别算法的时间复杂度。假设临界词 W 由 n 个音节构成，其中第 i 个音节是"特殊格助词"，即：

$$S = S_1 S_2 \cdots S_{i-1} S_i S_{i+1} \cdots S_n, S_i \in \text{Case}$$

则其含格助词前缀是：

$$prefix = S_1 S_2 \cdots S_{i-1} S_i$$

含格助词逆序前缀（下称"逆序前缀"）是：

$$revPrefix = S_i S_{i-1} \cdots S_2 S_1$$

其含格助词后缀（下称"后缀"）是：

$$suffix = S_i S_{i+1} \cdots S_n, S_i$$

　　我们从每个临界词中提取逆序前缀和后缀，并对所有临界词的逆序前缀构造 Trie 树 PrefixTrie，同样，对于所有临界词的后缀构造 Trie 树 SuffixTrie。对于前面定义的句子 S，在分词过程中扫描到"特殊格助词" S_i 时，则利用逆序前缀 revPrefix 在 PrefixTrie 中查找。Trie 树本质上是一个有限状态自动机，查找过程中的每个接受状态对应临界词的一个候选左边界。同样的方法在 SuffixTrie 中查找可以确定临界词的候选右边界。获得的候选左边界和候选右边界都可能不唯一，需要根据候选左边界和候选右边界组合出词，然后再到词典里面查询确定是否是临界词。候选左边界和候选右边界数量的一般不超过 3，词典查询次数不超过 9 次。若词典查询算法的时间复杂度是 O(1)的，则整个临界词识别算法的时间复杂度也是 O(1)的。由于左右边界不唯一，此时还可能出现临界词不唯一的情况，即在句子 S 中，存在 L1、L2 和 R1、R2，使得 $S_{L1} \ldots S_i \ldots S_{R1}$ 和 $S_{L2} \ldots S_i \ldots S_{R2}$ 都是临界词。例如，在对句子"གཉིས་ནི་ལས་ཁུངས་གསར་པ་ལས་ལག་སྒྲུང་མེན་རོང་ས་མཆའི་ལས་ཁུངས་ནས་འབྱོར་ཡོང་རོ་སྒྲུང་ཡི་གེ་སྒྲུང་པ་དང་"进行分词时，扫描到特殊格助词时 ལ，由于词典中 ངོ་སྒྲུང་ཡི་གེ（介绍信，证明书）和"ཡི་གེ"（文字，书信）都是临界词，在句子中两个候选临界词的右边界相同，但左边界不同，存在临界词切分歧义。此时我们采用"先前缀长度优先再后缀长度优先"的策略选择一个临界词。基于格分块的规则分词测试结果如表 41 所示，为了比较方便，我们把采用非分块分词结果也放入表中。

表 41　基于格分块的规则分词结果

	测试语料句子	切分词数	耗时（ms）	准确率（%）	召回率（%）	F 值
双向词频消歧（格分块）	3982	44158	7835	**0.852**	**0.858**	**0.855**
双向词频消歧	3982	44141	7619	**0.852**	**0.858**	**0.855**

　　采用格助词分块的规则分词结果与仅采用双向词频消歧切分结果相比，各项测试指标并没有明显的差别，但在切分词数和切分时间上有一定的差别，基于格分块的切分方法在切分词数和耗时上都要多一些。

5.5　基于规则的分词软件简介

5.5.1　软件说明

　　本软件是中国科学院软件研究所与中国社科院民族所共同研制的一款基于规则的藏语分词软件。软件包括了正向最大匹配和逆向最大匹配分词方法，利用词频信息进行消歧的分词功能，利用格助词对藏文文本进行分块，然后采用机械匹配的方式进行分词的功能。尽管目前研究者一般都采用统计方法实现分词，但对于想了解藏语分词的研究历史、基于匹配分词方法的文科背景的初学者来说，也具有较好的参考价值。

　　本软件可以支持多种藏文编码，包括：

1. Unicode 基本集编码(UTF-16)

2. Unicode 基本集编码(UTF-8)

3. 扩充集 A 编码(UTF-16)

4. 扩充集 A 编码(UTF-8)

5. 方正 Dos 编码

6. 方正 Windows 编码

7. 华光 Dos 编码

8. 华光 Windows 编码

9. 同元编码

10. 班智达编码

本软件可在 Microsoft Windows 系列操作系统中运行。

5.5.2　软件安装与卸载

双击安装程序文件 SegTibetan_setup.exe 启动安装向导，按照向导完成安装。

从控制面板中启动"添加或删除程序"，找到"藏文分词软件"，点击"删除"，完成软件卸载。

5.5.3　软件平台

打开分词软件应用程序，基于规则的分词界面如图 13 所示。本书所涉及的规则分词研究的各种方法在软件中都涉及，工具界面分两大部分，上部是操作区，下部是显示区。

图 13　基于规则的分词平台

5.5.4 软件操作

启动软件之后，用户可以单击"添加文件"按钮，此时将显示"打开文件"对话框，用户可以选择多个文件批量分词，如图 14 所示：

图 14 选择需要分词的文件

之后，软件主界面将显示要分词的文件列表。如图 15 所示。

图 15 打开需要分词的文件

在完成各项设置之后，点击"开始分词"按钮，就可以分词了。本软件采用了多线程并行计算技术，采用多个线程协同完成分词任务。分词结束之后，分词结果文件保存在原文件夹。软件界面将列表显示每个文件的行数、词数、分词耗时、分词目标文件名等相关信息，如图 16 所示。

图 16　分词结束

通过下拉框可以选择正向最大、逆向最大和双向词频消歧等不同的分词方式。如图 17 所示。

图 17　选择分词模式

选择格助词分块复选框，可以实现先分块再分词的功能。

第 6 章

基于规则分词的数词处理

6.1 藏文的数字及数词结构

在藏文实际文本中，数字大体有三种形式：第一种是阿拉伯数字，例如："2010"；第二种是类似阿拉伯数字的藏文符号数字，由藏文数字字符。（0）、ༀ（1）、༁（2）、༂（3）、༃（4）、༄（5）、༅（6）、༆（7）、༇（8）、༈（9）组合构成，例如："༢༠༡༠"（2010）；第三种是藏文音节数字（以下简称藏文数字），由一个或者多个藏文音节构成，类似汉语中由汉字构成的数字，例如：བཅོ་ལྔ（十五）。其中前两种数字的识别比较简单，只需要识别连续的数字字符即可。按照藏文分词的规范，藏文数字应该作为一个独立词切分[50],[31],[51,52,53,54]，由于藏文数字组合的自由性，毕竟不可能在词典中包含所有的藏文数字，所以识别藏文数字采用机械匹配的方法显然是不行的，必须使用规则进行识别。另外，部分用于表示藏文数字的音节同时具有其他含义，在遇到这些音节时还需要根据上下文来判断它是不是藏文数字。

藏文数字和汉语数字有很多类似的地方，王联芬[55]对汉语和藏文的数量词做了对比。藏文中使用 གཅིག、གཉིས、གསུམ、བཞི、ལྔ、དྲུག、བདུན、བརྒྱད、དགུ 表示数字一、二、三、四、五、六、七、八、九，使用 བཅུ、བརྒྱ、སྟོང、ཁྲི、འབུམ、ས་ཡ、བྱེ་བ、དུང་ཕྱུར 分别表示十、百、千、万、十万、百万、千万、亿等（藏文的位数词有数十个，在此不一一列出），一般的藏文整数由这些基本数字组合而成，有的时候需要添加连接成分[56,57,58,59,60]或附加成分。藏文数字的构成大体如下：

一到十的数字：由上述各个藏文音节表示，其中一、二、三后面跟位数词时有时变形为 ཅིག、ཉིས、སུམ；

十的倍数：十以上一百以下十的倍数由"个位数字+བཅུ"表示，但是二十、三十分别变形为 ཉི་ཤུ、སུམ་ཅུ；六十、七十、八十中的"十"要变形为 ཅུ；

十以上二十以下的数字：由"བཅུ+个位数字"表示，但是十五（བཅོ་ལྔ）、十八（བཅོ་བརྒྱད）中的"十"要变形；

二十以上一百以下非十的倍数的数字：由"十的倍数+连接词+个位数字"表示，表示二十几时连接词用 རྩ，表示三十几时连接词用 སོ，四十几到九十几连接词分别用 ཞེ、ང་、རེ、དོན、གྱ、གོ。其中"十的倍数+连接词"也可以分别缩写为 ཉེར、སོ、ཞེ、ང་、རེ、དོན、གྱ、གོ。但在表示日期时不使用连接词；

百以上千以下的数字：表示一百时只说 བརྒྱ་ཐམ་པ（百整）。百位后面如果有尾数，在百（བརྒྱ）的后面要加连接词 དང（和），然后再加尾数，如 བརྒྱ་དང་ཉི་ཤུ（120）。表示一百零几的数字时，用"位数词（བཅུ）+否定词（མེད）"表示其中的空位"零"。例如 507 表示为 ལྔ་བརྒྱ་བཅུ་མེད་བདུན，即（五）བརྒྱ（百）བཅུ（十）མེད（没有）བདུན（七）；千以上的数字的构成可以由前述类推。但有些时候位数词可以放在倍数词之前，如六千可以是 སྟོང（千）དྲུག（六）。数字中有多个空位时，需要多次用"位数词+否定词"表示其中的空位，如 2008 表示为 ཉིས་སྟོང་བརྒྱ་མེད་བཅུ་མེད་བརྒྱད，即 ཉིས（二）སྟོང（千）བརྒྱ（百）མེད（没有）བཅུ（十）མེད（没有）བརྒྱད（八）；

序数：由"基数+པ"或者"基数+ན"构成；

倍数：由"ལྡབ+基数"构成；

分数：由"分母+ཆ+分子"构成，如果前面有整数，整数和分数之间要加连接词 དང；

小数：由"整数部分+དང+གནས་ཆུང（ཚག）+小数部分"构成，其中 གནས་ཆུང（ཚག）表示小数点；

概数：由"基数+词尾"构成，其中"词尾"根据要表示的意义有多个：ཙ、ཚམ、ཡས་མས、ལྷག་ཙམ、གནས་ལ་མས、ཕྲག་ཁ་ཤས，等等。

6.2 基于规则的藏文数字识别

在基于词典的分词系统中，先采用机械匹配的方法将藏文文本切分为词，此时每个藏文数字被切分为一个或多个数字构件，然后数字识别模块将按照一定的规则确定是否将一系列连续的数字构件合并为藏文数字，最后输出分词结果。下面首先介绍整个系统的流程，然后介绍数字构件的分类方法，最后描述数字识别的贴标签算法。

6.2.1 数字构件的分类

根据数字构件在组成藏文数字时的作用以及其歧义性，将数字构件分为如下五类：

基本数字：这些数字构件是藏文数字的最基本的组成部分，可以独立作为藏文数字，也可以互相组合构成藏文数字。在藏文文本中，凡是遇到这些数字构件的时候均认为是数字。主要包括数字一到十、百、千、万等（ གཅིག་ གཉིས་ གསུམ་ བཞི་ ལྔ་ དྲུག་ བདུན་ བརྒྱད་ དགུ་ བཅུ་ བརྒྱ་ སྟོང་ ཁྲི་ འབུམ་ ས་ཡ་ བྱེ་བ་ དུང་ཕྱུར་）；

数字前缀：这部分数字构件作为数字使用的时候，后面一定接有基本数字，但其前面可以没有数字。主要包括数字二十、三十、四十等的缩写形式（ ཉེར་ སོ་ ཞེ་ ང་ རེ་ དོན་ གྱ་ གོ་），一、二、三的变形（ ཅིག་ ཉིས་ སུམ་），小数点（ གྲངས་ཆུང་）；

连接词，出现在数字中时，其前后一般都会有别的数字构件。包括 དང་ ཆ་。否定词 མེད་ 用于表示空位，出现在数字中时，其前一般有位数词，其后有别的数字构件，所以也归于此类别。连接词 སོ་ ཞེ་ ང་ རེ་ དོན་ གྱ་ གོ་ 已经作为数字前缀，不再归于此类，连接词 "ཆ" 不作为数字前缀，要归于此类别。

数字后缀：这部分数字构件一般跟在数字的后面，表示序数、总、整、概数等含义，包括 པ་ པོ་ ཐམ་པ་ ཚོ་ ཙམ་ ཡས་མས་ སྐོར་ཚང་ 等，按照我们的藏文分词规范，这些数字后缀一部分要和它前面的数字切分；

独立数字：这类数字，其构成不一定遵循第二节中所述的数字构成规则，但作为独立藏文数字使用，主要包括一些特殊的藏文数字，如 ࿆࿆ (第一）等。

6.2.2　数字识别

将上节中提到的藏文数字的各个构成部分统称为数字构件，由于有些数字构件除了用于构成藏文数字以外，在不同的上下文中可以表达其他的含义，所以在遇到这些数字构件时，并不能立即就将其判断为数字，而需要联系上下文确定。

藏文数字识别是藏文分词系统的一个组成部分，在整个分词系统中，先采用机械匹配的方法将藏文文本切分为词，此时每个藏文数字被切分为一个或多个数字构件，然后数字识别模块将按照一定的规则确定是否将一系列连续的数字构件合并为藏文数字，最后输出分词结果。下面首先介绍整个系统的流程，然后介绍数字构件的分类方法，最后描述数字识别的贴标签算法。系统流程如图 18 所示。

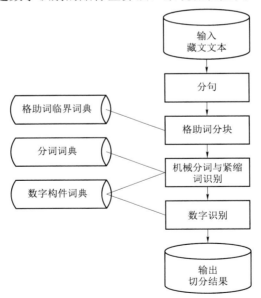

图 18　分词及数字后处理系统流程图

119

整个分词系统的流程如图 18 所示。对于输入的藏文文本，首先利用藏文的单垂符和句间空格分句，然后利用藏文的特殊格助词和临界库进行分块，之后根据分词词典和数字构件词典进行机械分词，并使用"还原法"进行紧缩词的识别，然后进行藏文数字识别，最后输出切分结果。

在机械分词过程中不仅需要利用分词词典，还需要利用数字构件词典。为了将整个分词过程中的数字识别任务完全交由数字识别模块处理，需要从分词词典中剔除所有的藏文数字词，而在机械分词的过程中又使用了数字构件词典，这样能够避免将藏文数字切分成数字构件词典中不包含的字符串而导致的数字识别的失败。这样经过机械分词之后，藏文数字被切分为数字构件，数字识别模块先根据数字构件所属的类别对切分出来的数字构件贴标签并按照一定的规则进行标签更新，最后按照一定的规则确定是否将相邻的数字构件合并为藏文数字。

数字识别模块首先对机械分词的结果贴标签，然后进行标签更新，最后合并数字构件，其流程如图 19 所示。

图 19　数字识别流程

对上节中藏文数字构件的每个类别给一个标签，如表 42 所示。贴标签算法从前向后扫描已机械分词的藏文文本，并按照表 42 所示的方式给每个词贴标签。

由于部分藏文数字构件在不同的上下文中可能表达其他含义（这种情况在数字前缀和数字连接词两类中都存在），在遇到这些数字构件的时候，需要根据上下文来确定其是否为藏文数字。在上下文中，对于数字前缀，只有在其后是数字时才认为它是数字前缀；而对于数字连接词，只有在其前后都是数字时才认为是数字连接词。我们使用标签更新规则来实现这一目的。

表 42 藏文数字构件的类别与标签

类别	标签
基本数字	N（Number）
数字前缀	P（Prefix）
数字连接词	L（Linker）
数字后缀	S（Suffix）
独立数字	I（Independent）
其他（非数字构件）	O（Other）

规则 1：将标签序列"PN"更新为"NN"；

规则 2：将标签序列"NLN"更新为"NNN"。

标签更新算法重复应用以上两条规则进行标签更新，直到没有标签需要更新为止。

完成标签更新以后，藏文数字中的"数字前缀"和"数字连接词"构件的标签都被更新为"N"，而没有被更新标签的"数字前缀"和"数字连接词"构件在上下文中一定是用来表达其他含义的，将不被认为是藏文数字。

数字构件合并过程将相邻的数字构件合并为完整的藏文数字，主要是将连续的"N"标签对应的数字构件合并，若连续的"N"标签之后的标签是"S"，则将"S"标签对应的词也跟前一个词合并。经过数字构件合并过程之后，凡是具有标签 N 或 I 的词均被认为是藏文数字，从而完成数字识别。

下面我们举例说明藏文数字识别的过程。对于藏文句子：

ལས་འཛོལ་མང་པོ་ཞིག་ནི་བརྒྱ་ཆ་གཅིག་གམ་ཐ་ན་བརྒྱ་ཆ་གདངས་ཀྱུང་ཕྱེའི་ཟེར་ལོངས་ཀྱི་སྒྲ་ལགག་གཅིག་ལ་སྐྱོན་ཕོར་ནས་བྱུང་

འདུག（有相当一部分事故，是由于那个百分之一甚至百分之零点五里头的零部件出了问题。）

在经过格标记分块和机械分词之后被切分为：

ལས་འཛོལ་/མང་པོ་/ཞིག་/ནི་/བརྒྱ་/ཆ་/གཅིག་/གམ་/ཐ་ན་/བརྒྱ་/ཆ་/གདངས་/ཀྱུང་/ཕྱེའི་/ཟེར་ལོངས་/ཀྱི་/སྒྲ་ལགག་གཅིག་/ལ་/སྐྱོན་

གོར་ནས་བྱུང་འདུག

贴标签以后：

ལས་འཛོལ/(O)མང་པོ/(O)ཞིག/(O)ནི/(O)བཞུ/(N)ཚ/(L)གཅིག/(N)གས/(O)ཐ་ན/(O)བརྒྱ/(N)ཚ/(L)གྲངས་ཆུང/(P)སྲ/(N)ཉི/(O)ནང་ཁོངས/(O)ཀྱི/(O)སྲུ་ལག་གཅིག/(O)ལ/(O)སྐྱོན་གོར/(O)ནས/(O)བྱུང/(O)འདུག/(O)

对应标签序列：

OOOONLNOONLPNOOOOOOOOO

经过第一遍标签更新扫描：

OOOONNNOONLNNOOOOOOOOO

经过第二遍标签更新扫描：

OOOONNNOONNNNOOOOOOOOO

第三遍扫描时没有标签被更新。数字构件合并算法将连续的"N"标签对应的数字构件合并，形成最终分词结果：

ལས་འཛོལ/མང་པོ/ཞིག/ནི/བརྒྱ་ཚ/གཅིག/གས/ཐ་ན/བརྒྱ/ཚ/གྲངས་ཆུང/སྲི/ཉི་ནང་ཁོངས/ཀྱི/སྲུ་ལག་གཅིག/ལ/སྐྱོན་གོར་ནས/བྱུང་འདུག

其对应的标签序列为：

OOOONOONOOOOOOOOO

其中的两个"N"标签说明识别出了两个藏文数字。

6.2.3 实验结果

本实验只是验证数字识别的情况，因此我们从整个语料库中选出所有带有数字的句子 5053 句进行实验。分词词表也是从这些句子中提取出的词条，然后去掉数词，使词表不包含任何数字词，最终得到 8940 条分词词条。然后采用正向最大匹配分词法进行分词。表 43 是分词测试的结果。

表 43　数字识别实验中的分词测试结果

测试语料句子	总词数	切分词数	准确率（%）	召回率（%）	F 值
5053	77981	76038	0.9293	0.9062	0.9176

　　整个分词中共有 4568 处错误，但是大部分都不是数字导致的，前文已经谈过，数字可以分成三类，这里把识别结果也分成三类考察，首先是阿拉伯数字，阿拉伯数字识别准确率为 1.000，藏文阿拉伯数字识别正确 1.000，而藏文大写数字识别就出现了一部分错误，在 4568 错误中 779 处与大写数字错误相关。这些错误主要包括以下几类：

　　（1）由数字连接词 རྩ 连接前后并列的两个藏文数字引起，例如在测试语料中出现了 གཉིས་དང་གསུམ 数字识别算法将其识别为一个藏文数字，实际上应该作为两个数字和连词三个词切分。

　　（2）由数字构件的多义性引起，如 ཚ /ཁ/ ར/ དྲུག 等除了做数字构件以外都有其他的含义，贴标签和标签更新算法只能消除部分歧义，这些数字构件和其他的数字构件组合在一起时，算法将不能消歧，需要利用更多的语言信息来处理。

　　（3）一些特殊的词如 ཀ་པ、ཁ་པ 等用来表示序数时，没能正确识别切分，如：

ཕྱུང་ཁྱུང་ ཀ/ པ/ ཞེ/ མ/ ཕྱོགས/ སུ/ འཆར/ ་

　　其中的 ཀ་པ 表示序数，没有能正确识别，导致这种错误的原因是数字构建库中未能包括该类数字词。

　　（4）带有词缀的数字，由于词缀与黏写形式结合，黏写形式切分错误导致数字识别错误。如：

ཉིན་ གཉིས/ པར/ ་

ཚོ/ ཉིས/ བཅུའི/ ཁོང་/ ལ/ ་

　　其中的 གཉིས་ 与黏写形式 ར 黏连，བཅུ 与 འི 黏连导致识别错误。

　　总之，在基于词典的规则分词中，由于数字的识别无法采用词典匹配的方法。我们采用了对藏文数字构件分类贴标签，并按照一定规则进行标签更新，最后合并数字构件的方法进行藏文数字识别，作为规则分词的后处理模块，对数字处理有一定的作用。我们在后文还要谈到统计分词方法，在统计分词中，数字不再需要单独处理，而是把单个数字作为一个标注单元处理。

第 7 章

基于最大熵模型的藏文分词研究

7.1 引言

最大熵原理是一种选择随机变量统计特性最符合客观情况的准则。随机变量的概率分布是很难测定的，一般只能测得其各种均值（如数学期望、方差等）或已知某些限定条件下的值（如峰值、取值个数等）。符合测得这些值的分布可以有多种，以至无穷多种，通常，其中有一种分布的熵最大。选用这种具有最大熵的分布作为该随机变量的分布，是一种有效的处理方法和准则。这种方法虽有一定的主观性，但可以认为是最符合客观情况的一种选择。

Adam[61]在文章中介绍过一个例子，我们借用一下。

在将英语翻译成法语的过程中，单词"in"可能被翻译为 5 个不同的法语词语，依次是"dans"、"en"、"à"、"au cours de"和"pendant"。对某翻译人员的决策过程进行建模的任务目标是计算出"in"分别被翻译成 5 个法语词语的概率。

因为知道"in"只可能被翻译为 5 个法语词中的一个，因此我们得到第一个约束条件是，将"in"翻译为 5 个法语词语的概率之和为 1，也就是：

$$P(dans)+p(en)+p(à)+p(au\ cours\ de)+p(pendant)=1$$

很显然，有很多个概率模型满足上述条件，例如：

（1）p(dans) = 1, p(en) = 0,p(à) = 0,p(au cours de) = 0,p(pendant) = 0。

（2）p(dans) = 0, p(en) = 1,p(à) = 0,p(au cours de) = 0,p(pendant) = 0。

（3）p(dans) = 0, p(en) = 0,p(à) = 1/2,p(au cours de) = 0,p(pendant) = 1/2。

（4）p(dans) = 1/5, p(en) = 1/5, p(à) = 1/5, p(au cours de) = 1/5, p(pendant) = 1/5。

上述第（1）个模型总是将"in"翻译为"dans"，而永远不会翻译为其他法语单词；第（2）个模型总是翻译为"en"；第（3）个模型在 50%的情况下翻译为 à，另外 50%的情况下翻译为"pendant"；第（4）个模型以都是 20%的概率将"in"翻译为 5 个法语单词中的一个。

上述前三个模型似乎有些问题，在仅知道"in"可能被翻译为 5 个法语单词的前提下，你凭什么说翻译为"dans"的概率就要比翻译为其他单词的概率高呢？因此，前三个模型显然不自觉地对问题做了某种进一步的假设。

最大熵原理的基本思想就是不要做任何进一步的假设，那么在前述唯一的约束条件下，上述第（4）个模型将翻译为 5 个单词的概率统一为 1/5，直观上看是更合理的。最大熵原理导致的结果便是在已知的约束条件下，倾向于选择一种最"平均"的概率模型。

现在假设我们对翻译人员翻译的作品进行了一些粗略的统计分析，发现了一些新的线索：在 30%的情况下，"in"被翻译为"dans"或者"en"。那么，现在已知的约束条件有了两条：

$$p(dans)+p(en)=3/10$$

$$p(dans)+p(en)+p(à)+p(au\ cours\ de)+p(pendant)=1$$

同样的，有很多种概率模型满足上述的约束条件，如下：

（5）p(dans) = 1/10, p(en) = 1/5,p(à) = 3/10,p(au cours de) = 1/5, p(pendant) = 1/5。

（6）p(dans) = 1/10, p(en) = 1/5,p(à) = 7/30,p(au cours de) = 7/30, p(pendant) = 7/30。

（7）p(dans) = 3/20, p(en) = 3/20,p(à) = 7/30,p(au cours de) = 7/30, p(pendant) = 7/30。

相比之前，第（5）个模型和第（6）个模型仍然存在前述的问题，在上述的仅有的两个约束条件的前提下，没有任何线索表明翻译为"dans"的概率比翻译为"en"的概率小。直观上，最合理的模型仍然是在遵循约束条件的前提下，将翻译为各个单词的概率平均化。平均化的结果就是：

$$p(dans) = p(en)$$
$$p(à) = p(au\ cours\ de) = p(pendant)$$

这样就可以计算出翻译为每个单词的概率为：

$$p(dans)=3/20$$
$$p(en)=3/20$$
$$p(à)=7/30$$
$$p(au\ cours\ de)=7/30$$
$$p(pendant)=7/30$$

进一步的，我们又发现了新的线索，在一半的情况下，翻译人员会将"in"翻译为"dans"或者"à"。现在约束条件变为三条：

$$p(dans)+p(en)=3/10$$
$$p(dans)+p(en)+p(à)+p(au\ cours\ de)+p(pendant)=1$$
$$p(dans)+p(à)=1/2$$

我们仍然可以采用上述策略，选择最"平均"的概率模型。但是，问题似乎不那么简单了，根据上述约束条件，我们没法一下子就计算出最"平均"的概率模型，就会面临着两个问题：第一、"平均"的确切含义和衡量标准（如何计算一个模型的"平均"程度）是什么？第二、如何根据已知的约束条件找到那个最"平均"的概率模型？

最大熵模型将回答这两个问题，我们将在下面的内容中作介绍。至此，最大熵的基本思想是明确的了：只针对已知的事实进行建模，而不对未知的情况做任何假设。换句话说，在现有已知条件的前提下，选择遵循约束条件的最"均匀"的概率模型。

7.2　最大熵模型

7.2.1　信息熵

有时候会听到人们评价某本书"这本书信息量真大"，那么这个信息量是怎么计算的呢？平常人们都是靠直觉来判定。所谓信息量大指的是这本书提供的信息比较多，从书中了解到了许多情况，获得了许多知识。但是当香农提出信息熵的概念之后，对信息的度量不仅仅是一种感觉，而是可以通过数据计算得到确确实实的数据量，该数据量说明一本书的信息量。用来度量信息量的单位就是信息熵，用比特来表示。假如计算一本 10 万字的中文书平均有多少信息量，可以通过所用汉字的信息量来计算全书的平均信息量，一个汉字的信息量大约是 13 个比特，汉字在书中出现的频次是不一样的，10%的汉字可能占文本 90%以上。因此平均每一个汉字的信息量大约只有 5~6 比特，这样这本 10 万字的书的信息量大约为 50 万比特。

吴军在《数学之美》[62]一书中以赌球获得具体的钱数来说明"谁是世界杯冠军"这条信息的信息量值多少钱，这个例子简单明了，把一个深奥的问题说得通俗易懂。参加比赛的球队与球队获得冠军的可能之间有一种对数关系，即 5 次猜测可以找到 32 个参赛队的冠军，6 次猜测可以找到 64 个参赛队的冠军。用数学公式表示就是 $\log_2^{32} = 5$ $\log_2^{64} = 6$。但是这种计算的前提是每个队可能得冠军的情况是均等的，这对于参赛队来说是不可能的，有些队实力很差，不可能获得冠军，有些队实力很强，很可能获得冠军，这样，每个队就会有不同获得冠军的概率，假设某个队得冠军的概率为 p(x)，用 H(x) 来表示信息熵，计算公式为：

$$H(X) = -\sum_X p(x)\log_2[p(x)]$$

变量的不确定性越大，熵也就越大，把它搞清楚所需要的信息量也就越大。

与信息熵密切相关的另一个概念是互信息，互信息用来衡量两个随机事件之间的相关度。比如在语言中，一个词与另一个词之间的搭配存在一定的相关性，通常语言学家所说的词语之间的搭配，句型句式的特定结构都具有相关性这个特点，相关性可以表现在类与类之间，如形容词修饰名词，副词修饰动词，形容词与名词之间具有一定的相关性，副词和动词之间也存在一定的相关性。不同词本身与别的词之间也会存在相关性。另一个问题就是词的二义性，既可以体现在词性的二义性，也可能是词义的二义性。对二义性的解决，最好的方法就是借助互信息这个概念。如要区别例句：

གཟའ་ཉིན་མ་རེད།　是星期天。

ཞོགས་པ་ཉི་མ་འཆར་སྐབས་ཁྱེད་རང་གང་གནང་བཞིན་ཡོད།　早上太阳升起时，你在干什么？

中的 ཉིན་མ 的意思，可以考察作为"星期天"的 ཉིན་མ 经常搭配的词以及作为"太阳"时 ཉིན་མ 经常搭配的词，通过考察其前后相关联的词的数量可以达到区别意义的目的。

7.2.2　互信息

互信息的计算可以简单地表述为，两个事件 X 和 Y 的互信息定义为：两个事件的信息熵之和减去它们的联合信息熵。用公式来表示则为：

$$I(X,Y) = H(X) + H(Y) - H(X,Y)$$

其中 $I(X,Y)$ 表示两个事件的互信息，$H(X)$ 是事件 X 的信息量，$H(Y)$ 是事件 Y 的信息量，$H(X,Y)$ 是联合信息熵，计算的公式为：

$$H(x,y) = -\sum p(x,y)\log(x,y)$$

7.2.3　最大熵原理

从满足已知约束条件的所有概率分布中选择熵值最大的那个模型作为建模的结果，这就是最大熵原理。其数学描述为：

$$p_* = \arg\max_{p \in c} H(p)$$

其中 C 是所有满足已知约束条件的概率模型组成的模型空间。

7.2.4 最大熵模型

找熵最大模型的问题是一个数学上的约束最优化问题，可以采用一系列数学计算求得这个最优化问题的最优解，这个最优解就是熵值最大的那个概率模型，称为最大熵模型。根据现有的结论，该模型具有如下形式：

$$p(y \mid x) = \frac{1}{Z(x)} \exp\left[\sum_{i=1}^{k} \lambda_i f_i(x, y) \right]$$

其中 Z(x) 为归一化因子，是为了使 p(y|x) 满足作为概率的约束条件而添加，其计算公式如下：

$$Z(x) = \sum_y \exp\left[\sum_{i=1}^{k} \lambda_i f_i(x, y) \right]$$

最大熵模型中引入的特征函数 f(x,y) 的定义如下：

$$f(x, y) = \begin{cases} 1 \ \textit{if} \ \ x = x_i \ \ \textit{and} \ \ y = y_j \\ 0 \qquad\qquad \textit{otherwise} \end{cases}$$

其中 x_i 是某个特定的环境下的观察值，y_j 是此时所处的状态。

仍然以翻译任务为例，某一个特征函数可能如下：

$$f(x, y) = \begin{cases} 1 \ \textit{if} \ \ y = \textit{en and April follows in} \\ 0 \qquad\qquad\qquad \textit{otherwise} \end{cases}$$

该特征函数表示，在已有的翻译数据中观察到了在下一个单词是 April 的时候，in 被翻译为 en。

特征函数的取值为 0 或者 1，因此将模型计算转化为一个对训练语料进行统计计数的问题。

对于一个已知的概率模型 p，一个特定实例（在藏语分词中就是一个藏语句子对应的音节序列及其字位标签）的概率的计算方法是：对所有的特征函数按概率模型 p 对应的所有参数 λ_i 加权求和，再进行指数运算并进行归一化。

利用一批训练语料进行训练的过程实质上是寻找一组参数 λ_i 以使得训练语料中所有训练样本的出现概率的乘积值最大。这一过程涉及复杂的数学知识，不再赘述。

7.3　最大熵模型在藏语分词中的应用

7.3.1　最大熵模型应用于藏语分词的基本思想

利用最大熵原理可以对事物进行分类，假如给定一些训练样本 (x,y)，其中 x 表示上下文，y 表示问题的类别，可根据已知的样本构建一个能够对实际问题进行准确描述的统计模型 p(y|x)，用于预测未知事件。以藏语分词来说，假如有给定训练语料的格式文本和词切分标记，如 འདི་ག་/ཆོས་པར་ལང་/ད་/ནག་ཆུ་/ནས་/སྐྱ་འཛིན་/འཛིར་གསལ་/།/，这样可以把这种格式转换为最大熵模型训练样本格式 (x,y)，x 等于 འདི་ག་、ཆོས་པར་ལང་、ད་、ནག་ཆུ་、ནས་、སྐྱ་འཛིན་、འཛིར་གསལ་，y 等于 /。这里直接使用了词作为标注单元，如果利用音节特征来作为标注单元，可以考虑基于音节的位置特征来设计训练统计模型，一个词可以为一个音节，也可以为多个音节，藏语中还有一个音节表示多个词的情况，根据这些特点，可以设计一套基于音节位置的标注标签，假如 B 为词的首音节、E 为词的末音节、M 为词的中间音节，最大熵训练样本格式就可以表示为如下：

x　འདི་　ག་　ཆོས་　པར་　ལང་

y　B　E　B　M　E

最大熵的特征：表中的（འདི་, B）是一条规则，构成了最大熵的一个特征，前者表示条件，后者表示在满足一定条件下的行动。这里的特征就是原子特征，在音节标注时只是考虑它自身的特征。但是这样的标注效果不一定好，因此需要考虑当前音节前后若干个音节，如下所示，当标注阴影位置的音节时，考虑其前后各两个音节，这就构成了复合特征。

$$
\begin{array}{cccccc}
x & \text{འདི་} & \text{ག་} & \text{ཚོགས་} & \text{པར་} & \text{ཁང་} \\
y & B & E & B & M & E
\end{array}
$$

特征函数：除了特征之外，还要考虑表达特征的函数，即特征函数，最大熵模型的特征函数为：

$$
f(x, y) = \begin{cases} 1 \ \ if \ \ y = "B" \ \ and \ \ next(x) = "ga" \\ 0 \ \ otherwise \end{cases}
$$

这个二值函数表达式中"x"表示上下文环境，这里指的待切分的字串中的音节，"y"代表输出，对应待切分音节所对应的标签，next(x)是 y 代表的标签所对应的当前音节的下一个音节，通俗地说，当遇到标注 འདི་ 这个音节时，需要考虑后一个音节来决定它的标注结果。

参数估计：构建一个最大熵模型，需要计算每一个特征的权重，参数估计就是根据最大熵原理的要求对每一个特征进行参数估值，目的是使每一个参数与一个特征构成对应关系。常见的参数估计算法有 GIS(Generalized Iterative Scaling Algorithm) [63]、IIS(Improved Iterative Scaling) [64]和 L-BFGS(limited memory BFGS) [65]。

特征选择：利用最大熵模型来分词时，需要利用各种语言规则，即特征。规则是从训练语料中学习获得的语言知识，一条规则一般分成两个部分，一是条件，另一是满足条件时应能采取的行动。如，如果当前音节为 x，它右边的第一个音节为 y，则当前音节标记为 B。前者描述条件，后者描述行动。一条规则构成一个原始特征，但是原始特征可能数目非常大，储存空间和计算速度都很难预测，不易建立有效的统计模型，特征选择就是从数目巨大的原始特征中挑选出最有代表性特征，构成约束集合。藏语分词中，可以用来作为特征的，只有词形本身和词形的上下文特征，上下文特征表现为邻接音节的特征以及音节的频度特征。邻接音节特征可以表示两个音节之间的依赖关系；频度特征可以统计音节在上下文窗口中出现的频率，当某个音节出现频率达到一定的阈值时，就可以列为候选项。

7.3.2　最大熵模型的下载与安装

首先，从 https://github.com/lzhang10/maxent 下载最大熵模型的源代码。

在 Linux 系统上，使用如下的命令对下载的源代码 maxent-master.zip 进行解压。

$ unzip maxent-master.zip

解压缩之后进入目录 maxent-master:

$ cd maxent-master

按照 Linux 系统从源代码编译安装的标准流程进行编译和安装。

$ ./configure

$ make

$ make install

注意：若是 RedHat/Fedora/CentOS 等发行版，需要切换到 root 账号才能安装。若是 Ubuntu/Mint 等发行版，需要使用下面的命令安装：

$ sudo make install

7.3.3　最大熵藏文分词模型的训练

最大熵模型的源代码已经包含了一个英语词性标注实验的样例，所在目录为 maxent-master\example\postagger\，可以以此为基础进行藏文分词的实验。

该样例使用的语料格式如图 20 所示：

测试语料的格式与训练语料完全一样。

在最大熵模型的源代码中，特征模板集合通过程序源代码实现，样例代码在 postagger.py 文件中的 get_context_english()函数中实现了针对英文词性标注的特征模板集，并且在 context.py 中实现了一系列名称为 get_contextXX()的函数，这些函数是对一系列不同特征模板集的具体实现。

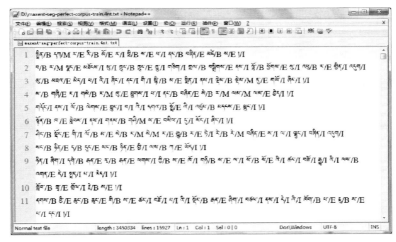

图 20　最大熵语料格式

为了适应藏语分词，需要编程实现不同特征模板集。

下面的代码实现了三个音节的上下文窗口对应的特征模板集TMPT-6。

```
def get_context306(words, pos, i, rare_word):
    """context type for Tibetan."""
    'get tag context for words[i]'
    context = []
    w = words[i]
    n = len(words)

    print 'get_context306 is called'

    context.append('curword=' + w)

    if i > 0:
        context.append('word-1=' + words[i - 1])
        context.append('word-1,0=' + words[i - 1] + ',' + words[i])
        context.append('tag-1=' + pos[i - 1])
```

```
            if i + 1 < n:
                context.append('word-1,+1=' + words[i - 1] + ',' + words[i + 1])
            else :
                context.append('word-1,+1=' + words[i - 1] + ',' + 'BOUNDARY')

        else:
            context.append('word-1=BOUNDARY')
            context.append('word-1,0=BOUNDARY' + ',' + words[i])
            context.append('tag-1=BOUNDARY')

            if i + 1 < n:
                context.append('word-1,+1=' + 'BOUNDARY' + ',' + words[i + 1])
            else :
                context.append('word-1,+1=' + 'BOUNDARY' + ',' + 'BOUNDARY')

    if i + 1 < n:
        context.append('word+1=' + words[i + 1])
        context.append('word0,+1=' + words[i] + ',' + words[i + 1])
    else:
        context.append('word+1=BOUNDARY')
        context.append('word0,+1=' + words[i] + ',' +'BOUNDARY')

    return context
```

下面的代码实现了五个音节的上下文窗口对应的特征模板集
TMPT-10。

```
def get_context510(words, pos, i, rare_word):
    """context type for Tibetan."""
    'get tag context for words[i]'
    context = []
    w = words[i]
    n = len(words)

    print 'get_context510 is called'
    context.append('curword=' + w)
```

```
if i > 0:
    context.append('word-1=' + words[i - 1])
    context.append('word-1,0=' + words[i - 1] + ',' + words[i])
    context.append('tag-1=' + pos[i - 1])
    if i > 1:
        context.append('word-2=' + words[i - 2])
        context.append('word-2,-1=' + words[i - 2] + ',' + words[i - 1])
        context.append('tag-2,-1=' + pos[i - 2] + ',' + pos[i - 1])
    else:
        context.append('word-2=BOUNDARY')
        context.append('word-2,-1=BOUNDARY' + ',' + words[i - 1])
        context.append('tag-2,-1=' + 'BOUNDARY' + ',' + pos[i - 1])

    if i + 1 < n:
        context.append('word-1,+1=' + words[i - 1] + ',' + words[i + 1])
    else :
        context.append('word-1,+1=' + words[i - 1] + ',' + 'BOUNDARY')

else:
    context.append('word-1=BOUNDARY')
    context.append('word-2=BOUNDARY')
    context.append('word-2,-1=BOUNDARY,BOUNDARY')
    context.append('word-1,0=BOUNDARY' + ',' + words[i])
    context.append('tag-1=BOUNDARY')
    context.append('tag-2,-1=BOUNDARY,BOUNDARY')

    if i + 1 < n:
        context.append('word-1,+1=' + 'BOUNDARY' + ',' + words[i + 1])
    else :
        context.append('word-1,+1=' + 'BOUNDARY' + ',' + 'BOUNDARY')

if i + 1 < n:
    context.append('word+1=' + words[i + 1])
    context.append('word0,+1=' + words[i] + ',' + words[i + 1])
    if i + 2 < n:
        context.append('word+2=' + words[i + 2])
        context.append('word+1,+2=' + words[i + 1] + ',' + words[i + 2])
    else:
```

```
                context.append('word+2=BOUNDARY')
                context.append('word+1,+2=' + words[i + 1] + ',' + 'BOUNDARY')
        else:
            context.append('word+1=BOUNDARY')
            context.append('word+2=BOUNDARY')
            context.append('word+1,+2=BOUNDARY,BOUNDARY')
            context.append('word0,+1=' + words[i] + ',' +'BOUNDARY')

        return context
```

将上述两个函数放到 context.py 文件中，然后，可以使用如下一段脚本来执行训练过程和测试过程。

```
#!/bin/bash   -x
Model=maxent-seg-perfect-corpus.model #模型文件
Train=maxent-seg-perfect-corpus-train.4nt.txt   #训练语料
Test=maxent-seg-perfect-corpus-test.4nt.txt #测试语料
TestOut=maxent-seg-perfect-corpus-test.4nt.out.txt #标注结果

python ./postrainer.py $Model -f $Train --cutoff 1 --rare 1 --iters 200   --type 510
python ./maxent_tagger.py -m $Model -t $Test   | tee $TestOut
```

训练过程通过运行 Python 脚本程序 postrainer.py 来实现。

其中，--cutoff 参数用于丢弃频次少于一定数量的上下文特征，一般情况下由于训练语料规模总是不够大，难以避免数据稀疏的情况，而很多决定标注结果的特征在训练语料中出现的频次未必很高，因此一般取 cutoff 为 1，以保留所有的上下文特征。

--rare 参数会将训练语料中总频次少于一定数量的标注单元（藏语音节）作为特殊情况处理，在英语词性标注的样例中，这些单词本身的前缀和后缀等信息将被添加到特征集中。在藏语分词中，可暂时不考虑音节的结构特征，因此，取 rare 为 1。

--iters 参数用于决定训练过程在多少次迭代之后结束，一般的机器学习训练过程应确保训练到收敛为止，因此应设为较大一点的值，但太大的值会导致训练耗时较长。可反复多次训练确定一个合适的值，本书的实验中，我们取 iters 为 200。

--type 参数用于选择特征模板集，"--type 306"表示使用 get_context306()这个函数中定义的三个单元的上下文窗口对应的特征模板集 TMPT-6，"--type 510"表示使用 get_context510()这个函数中定义的五个单元的上下文窗口对应的特征模板集 TMPT-10。

7.3.4　最大熵藏文分词模型的测试

测试过程通过运行 Python 脚本程序 maxent_tagger.py 来实现，输入的测试语料的格式与训练语料完全相同，-t 参数用于指示测试语料中已经包含标准答案。

缺省情况下，测试的输出结果将打印到屏幕上，在本书脚本中，我们使用 tee 命令将其同时存放到标注结果文件中。标注结果以两行一组的方式组织，其中第一行是测试语料中给出的标准答案，第二行是模型给出的标注结果，如图 21 所示。

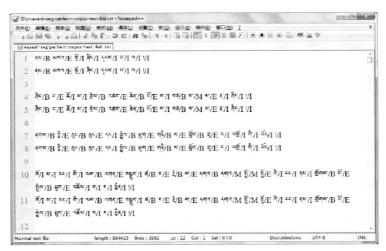

图 21　最大熵模型标注结果

可以通过比较上下两行的标签来计算标注的准确率，也可以把标注结果抽取出来，还原成分词语料的格式后跟标准答案比较来计算分词的准确率。

7.4　基于字位的藏文最大熵分词实验

7.4.1　最大熵分词实验

字位标注思想和特征模板的设置我们放在了第 8 章详细介绍，此处直接利用五个音节的上下文窗口对应的特征模板集TMPT-10，分别使用四字位标签和六字位标签进行了实验，训练语料、测试语料以及评测方法与前文一致。统计出来的数据如表44 所示。

表 44　最大熵分词结果

	标准答案词数	测试结果词数	召回率	准确率	F1
四字位	47743	48034	0.9311	0.9254	0.9282
六字位	47743	48141	0.9331	0.9254	0.9292

从表中的数据可以看出，采用最大熵模型进行藏文分词，准确率大约在 93%左右，采用六字位标签集比采用四字位标签集稍微好一些，但是两种方法差别并不明显。与基于规则的分词相比，采用最大熵模型的切分准确率有了较大幅度的提升。图 22 是取前面规则分词的最好结果与最大熵最好结果相比的情况。

7.4.2　错误分析

不管是规则的分词还是统计的分词，交集型歧义总会发生。例如测试句 2 中字串 འདས་པ་ར་ 不管是采用四标签还是六标签都没有能正确切分。

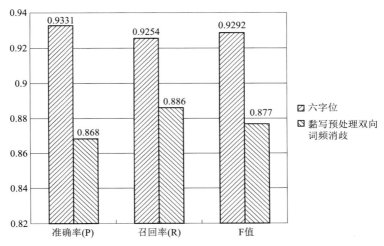

图 22　最大熵模型与规则分词比较

ཞིང་པ་/ ཚོ་/ ས་/ ཟྲ་ལ་འཆར་/ ཆེན་པོ་/ ས་/ བཙོན/ཌ/ཌང་/ཞིང་/ [[(参考标准)

ཞིང་པ་/ ཚོ་/ ས་/ ཟྲ་ལ་འཆར་/ ཆེན་པོ་/ ས་/ བཙོ/ ཌང་/ཞིང་/ [[（四字位切分结果）

ཞིང་པ་/ ཚོ་/ ས་/ ཟྲ་ལ་འཆར་/ ཆེན་པོ་/ ས་/ བཙོ/ ཌང་/ཞིང་/ [[（六字位切分结果）

黏写形式未能切分开。如测试句 63 句的切分结果如下，四标签和六标签方法对 ང་ཧྲུར་ 都没能正确切分。

ཧྲུར་དུ་འབྱུང་/ བ/ ནི་/ མཉེན་/ སྲུག་གི/ ཡལ་ག/ དཔ་ཐུ་ར/ གཡོ་/ བཞིན་/ དཔྱིད་ཀ/ སྐྱེབས་/ པ་/ ར་/ བསྱུ་/ བ་ཉེད/ [[（参考标准）

ཧྲུར་དུ་འབྱུང་/ བ/ ནི་/ མཉེན་/ སྲུག་གི/ ཡལ་ག/ ང་ཧྲུར་/གཡོ་/ བཞིན་/ དཔྱིད་ཀ/ སྐྱེབས་/ པ་/ ར་/ བསྱུ་བ/ ཉེད/ [[（四标签切分结果）

ཧྲུར་དུ་འབྱུང་/ བ/ ནི་/ མཉེན་/ སྲུག་གི/ ཡལ་ག/ ང་ཧྲུར་/གཡོ་/ བཞིན་/ དཔྱིད་ཀ/ སྐྱེབས་/ པ་/ ར་/ བསྱུ་བ/ ཉེད/ [[（六标签切分结果）

未登录词未能正确切分。如测试句 74 句的切分结果如下。

དེ་ཚོ་/ ལོ་/ བདུན་/ ཚམ་/ ཡིན་/ པ་/ ནི་/ ཚའི་ཚའི་/ ལི་/ བུ་ཚོས྄ྲུང་/ཟེར་/ བ་/ དེ་/ ས་/ "/ ང་/ ལ་/ ཐྲས་/ ཤིག་/ ཡོང་/ [[（参考标准）

དེ་/ ཚོ་ལོ་/ བདུན་/ ཚམ་/ ཡིན་/ པ་/ ནི་/ ཚའི་ཚའི་/ ལི་/ བུ་ཚོས྄ྲུང་/ཟེར་/ བ་/ དེ་/ ས་/ "/ ང་/ ལ་/ ཐྲས་/ ཤིག་/ ཡོང་/ [[（四标签切分结果）

དེ་/ ཚེ་ལོ་/ བདུན་/ ཙམ་/ ཡིན་/ པ་ དེ་/ ཚོའི་ཚོའི་/ ཡི་/ **ཐུ་ཚ/ འོ་ཁྱུང་**/ ཟེར་/ བ་ དེ་/ ས་ "/ ང་/ ལ་/ ཐབས་/ ཤིག་/ ཡོད/ ༡/

对于未登录词 ཚོ་ཁྱུང，四标签方法切分结果为 ཐུ་ཚོ་ཁྱུང་，六标签切分为 ཐུ་ཚ/ འོ་ཁྱུང་/都不正确，这个未登录词还包括一个黏写形式。

总之，基于最大熵模型的分词结果与规则方法相比已经有了不少提高，但是它自身也有一些缺点。这些缺点单依靠扩大语料规模可能不能解决，还需要其他的弥补措施，后文会进一步叙述。

第8章

基于条件随机场模型的
藏文分词研究

8.1 条件随机场模型简介

条件随机场模型由 Lafferty 和 McCallum 于 2001 年第一次应用于自然语言处理研究中。对于观察值序列 $X = (X_1, X_2, \cdots X_n)$ 和与其对应的状态（标签）序列 $Y = (Y_1, Y_2, \cdots Y_n)$，序列标注的任务是：对于给定的观察序列，求出一个最优的状态序列。

$$Y^* = \arg\max_Y P(Y \mid X)$$

对应用于序列标注任务的线性链条件随机场，其模型的结构如图 23 所示。在线性链条件随机场模型中，一个标签序列的概率采用如下公式计算：

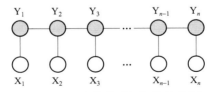

图 23　线性链条件随机场的结构图

$$p_\lambda(Y \mid X) = \frac{1}{Z(X)} \exp\left(\sum_{t \in T} \sum_k \lambda_k f_k(y_{t-1}, y_t, X, t) \right)$$

其中，对于藏文分词来说，X 是藏文音节序列，Y 是对应的标

签序列；对于藏文词性标注来说，X 是藏文词语序列，Y 是对应的词性序列。f_k 是特征函数，t 是每个音节在当前句子中的索引，$Z(X)$ 是归一化因子，它用来保证 $p_\lambda(Y|X)$ 满足作为概率值的性质，其计算方法如下面公式所示。

$$Z(X) = \sum_Y \exp\left(\sum_{t \in T} \sum_k \lambda_k f_k(y_{t-1}, y_t, X, t) \right)$$

如果将 f_k 中的 X 和 y_{t-1} 视为当前的上下文 h，将 y_t 视为在当前上下文环境中当前观察值的标签 t，则概率模型和相应的特征函数取自空间 $H \times T$，其中 H 表示所有可能的上下文或者任何预先定义的条件，而 T 是所有可能的标签的集合。则特征函数可由如下公式定义，其中 $h_i \in H$，$t_j \in T$。

$$f(h, t) = \begin{cases} 1, & if \quad h = h_i \quad and \quad t = t_j \\ 0, & otherwise \end{cases}$$

条件随机场模型不需要隐马尔科夫模型要求的严格的独立假设，并且也克服了最大熵模型标记偏置的缺陷。和最大熵模型一样，条件随机场模型是条件概率模型，不是有向图模型，而是无向图模型。条件随机场模型是在给定观测序列的条件下定义的关于整个类别标记的一个单一的联合概率分布，而不是在给定当前状态的条件下，定义下一个状态的状态分布。类别的分布条件属性使得条件随机场模型能够对真实世界的数据建模，这里标记序列的条件概率取决于观测序列的非独立、相互作用的特征。

8.2 条件随机场的藏文分词的原理和方法

基于条件随机场的藏文分词方法的工作机制如图 24 所示，主要包括模型训练和模型应用两个方面。

在模型训练方面，将人工切分标注的语料库分别转换为藏文分词的训练语料。其中，藏文分词的训练语料中包含藏文音节序列及其对应的字位标签序列。采用条件随机场模型在训练语料上进行训练，得到字位标注模型。

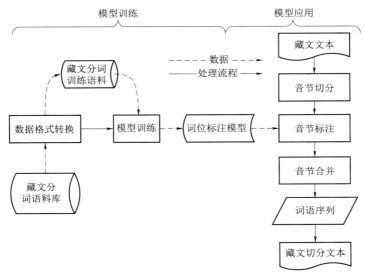

图 24　基于条件随机场的藏文分词方法的工作机制

在模型应用方面，对于输入的藏文文本，首先将其切分为音节序列，然后应用字位标注模型对每个音节标注字位标签，再根据字位标签将音节合并，形成词语序列，从而完成分词的过程。

下面分别介绍基于字位标注的藏文分词原理和具体方法。

8.3　字位标注的藏文分词原理

8.3.1　基本思想

基于字位标注的藏文分词方法，其本质上是根据藏文音节所处的上下文来确定它与其相邻音节的结合紧密度，从而确定其左右两边是不是词语的边界。在实际文本中，同一个藏文音节可以出现在词语中不同的位置，如表 45 中所示，藏文音节“ཁ”（mouth）可以出现在词首、词中、词尾，也可以独立成词。

表 45　藏文音节出现在词语中不同位置的示例

位　置	示　　例	Tag
独立成词	ཁ་“嘴”	S
词首	ཁ་ཆུ་“口水”	B
词中	ཙོང་ཁ་པ་“宗喀巴”	M
词尾	དབྱར་ཁ་“夏天”	E

我们根据每个音节在词中位置的不同给它们分别贴上不同的标签（Tag）：B (Begin), M (Middle), E (End) 和 S (Single)。方法如下：

- 如果该音节出现在词首，并与它右边的音节共同构成藏文词，则贴上标签“B”；
- 如果该音节出现在词中，并与它左右两边的音节共同构成藏文词，则贴上标签“M”；
- 如果该音节出现在词尾，并与它左边的音节共同构成藏文词，则贴上标签“E”；
- 如果该音节独立成词，则贴上标签“S”。

对于汉语来说，使用上面的标签集已经足够，但在藏文中，由于黏写形式的存在，需要做一些特殊处理。藏文中部分词如属格标记“འི་”、作格标记“ས་”、位格标记“ར་”、连词“འང་”、“འམ་”、终结词“འོ་”等（我们将这类词称为黏写语素：Abbreviated Morphemes，简称 AM），可以省略音节点直接黏附于其前面的音节后，从而形成了黏写形式。表 46 中给出了一些藏文黏写形式的示例。

表 46　藏文黏写语素形成的黏写形式示例

普通词	黏写语素	黏写结果	说明
ང་	ས་	ངས་ "我-施格"	省略音节点
ང་	འི་	ངའི་ "我的"	省略音节点
ལ་	འང་	ལའང་ "也"	省略音节点
རུ་བ་	འམ་	རུ་བའམ་ "耳或者"	省略音节点
སྐུ་མཐའ་	འི་	སྐུ་མཐའི་ "边地的"	省略འ和音节点
ནམ་མཁའ་	འི་	ནམ་མཁའི་ "天空的"	省略འ和音节点
བཤད་པ་	ར་	བཤད་པར་ "说+名词化+连词"	省略音节点
རྒྱལ་པོ་	འི་	རྒྱལ་པོའི་ "国王的"	省略音节点

　　藏文的黏写音节需要被切分为两个部分，这样我们需要另外的两个标签，假如为 "ES"（End and Single）和 "SS"（Single and Single）：

　　● 如果一个紧缩音节由一个多音节词和一个黏写语素（AM）构成，则贴上标签 "ES"；

　　● 如果一个紧缩音节由一个单音节词和一个黏写语素（AM）构成，则贴上标签 "SS"。

　　具体如表 47 所示。

表 47　藏文分词 6 字位标注集的使用方法

词语构成类型	示例	标签序列
1-syllable	ཁ་ "口"	S
1-syllable+AM	ངས་ "我-施格"	SS
2-syllable	བོད་ལྗོངས་ "西藏"	B-E
2-syllable+AM	ཆོ་ཚོའི་ "他们的"	B-ES
3-syllable	ཙོང་ཁ་པ་ "宗喀巴"	B-M-E
3-syllable+AM	ཁྱེད་རང་ཚོའི་ "你们的"	B-M-ES
4-syllable	དབྱར་རྩྭ་དགུན་འབུ་ "冬虫夏草"	B-M-M-E

145

利用这种方法可以将切分好的藏文语料转换为音节的标注序列，从而形成藏文音节序列和其字位标注序列的语料。使用上述的 6 标签标注集，对藏文句子（a）进行标注的结果为（c），可以根据每个标签的使用方法还原出藏文分词结果，如（d）中所示：

（a）ང་ཚོས་སྐྱེ་ཚོགས་རིང་ལུགས་ཀྱི་སྤྱི་ལ་དབང་བའི་ལས་ལུགས་དང་ཚོ་བསྟན་ཕོ་སྟོད་ཀྱི་ཙ་དོན་ མཐའ་ འཁྲོངས་བྱས་ཡོད།

（b）我们一向坚持了社会主义公有制和按劳分配原则。

（c）ང་/B ཚོས་/ES སྐྱེ་/B ཚོགས་/M རིང་/M ལུགས་/E ཀྱི་/S སྤྱི་/B ལ་/M དབང་/M བའི་/M ལས་/M ལུགས་/E དང་/S ཚོ་/S བསྟན་/S ཕོ་/S སྟོད་/S ཀྱི་/S ཙ་/B དོན་/E མཐའ་/B འཁྲོངས་/E བྱས་/S ཡོད་/S/ S

（d）ང་ཚོ/ ས་/ སྐྱེ་ཚོགས་རིང་ལུགས་/ ཀྱི་/ སྤྱི་ལ་དབང་བའི་ལས་ ལུགས་/ དང་/ ཚོ་/ བསྟན་/ ཕོ་ སྟོད་/ ཀྱི་/ ཙ་དོན་/མཐའ་འཁྲོངས་/ བྱས་/ ཡོད་/ /

8.3.2　标签集的优化

在前一节中，我们使用 6 标签的标注集{B;M;E;S;ES;SS}阐述了以音节为单位的字位标注方法进行藏文分词的基本思想，但在汉语中还有其他的标注集被使用，究竟什么样的标注集对藏文来说是最好的，还需要通过实验来决定。在汉语分词中用到的标注集以及它们的用法如表 48 所示。

表 48　汉语分词中不同标注集的使用方法

标注集	Tags	不同长度词语的标签序列
2-tag	B;E	B;B-E;B-E-E……
4-tag	B;M;E; S	S;B-E;B-M-E;B-M-M-E……
5-tag	B;B_2;M;E; S	S;B-E;B-B_2-E;B-B_2-M-E;B-B_2-M-M-E……
6-tag	B;B_2;B_3;M;E; S	S;B-E;B-B_2-E;B-B_2-B_3-E;B-B_2-B_3-M-E; B-B_2-B_3-M-M-E……

在汉语分词的研究中，赵海等人提出了一种有效的方法来选择最优标注集，他们使用了一个称为"平均加权词长"（Average

Weighted Wordlength Distribution）的指标来确定标注集[16]。相关实验数据证明，采用 6 字位标注集配合适当的特征模板，比其他的标注集能取得更好的分词准确率[16]。我们在之前的研究中已经验证了这种方法对藏文分词同样有效[28]，在该指标的指导下，汉语的 6 字位标注集可以用于藏文分词。由于藏文黏写形式的存在，还需要加上两个标签，故形成藏文分词的 8 字位标注集 { *B;B₂;B₃; M;E;S;ES;SS*}。对于不同长度的藏文词，8 字位标注集的用法如表 49 所示。

表 49　藏文分词的八字位标注集使用方法

词语类型	示　　例	标签序列
1-syllable	ཁ "口"	S
2-syllable	བོད་ལྗོངས "西藏"	B-E
3-syllable	ཙོང་ཁ་པ "宗喀巴"	B-B₂-E
4-syllable	དབྱར་ཁ་དགུན་འབུ "冬虫夏草"	B-B₂-B₃-E
5-syllable	གཟའ་མི་བསྐྱོད་རྡོ་རྗེ "噶玛米觉多吉"	B-B₂-B₃-M-E
6-syllable	སྤྱི་ལ་དབང་བའི་ལས་ལུགས "公有制"	B-B₂-B₃-M-M-E
1-syllable+AM	ངས "我-施格"	SS
2-syllable+AM	ཁོ་ཚོའི "他们的"	B-ES
3-syllable+AM	ཙོང་ཁ་པས "宗喀巴（人名）-施格"	B-B₂-ES
4-syllable+AM	པ་ཚ་ཚེ་བས "大白次（人名）-施格"	B-B₂-B₃-ES

使用 8 字位标注集，对前面提到藏文句子的标注结果如下：

（e）ང་/B ཚོས/ES སྔ/B ནགས/B2 རིང/B3 ལུགས/E ཀྱི/S བ/B ལ/B2 དྭང/B3 བའི/M ལས/M ལུགས/E དང/S ཚས/S བསྒྲུབ/S སའི/S སྐྱི/S ཀྱི/S ཚ/B ཟ/E ཐབས/B ལམ/B ཁག/E གིས/S ཡོད/S ། /S

另外，如果不考虑藏文黏写形式，藏文中的 6 标签和 8 标签就与汉语一致，变成 4 标签和 6 标签。但是必须要对藏文黏写形式进行预处理，把黏写形式去除与分词可以作为一个阶段，也可以作为两个阶段来处理。黏写形式单独处理的技术、方法在第 4 章已经做了详细阐述，此处不再赘述。

8.3.3 特征模板集

在前文中，我们提到了特征函数 $f(h,t)$，在条件随机场模型中，这一系列的特征函数都由特征模板生成。特征模板集用于确定当前标签依赖于上下文中的哪些因素。藏文分词中三个音节的上下文窗口如图 25 所示。在本书中，我们将比较不同长度的上下文窗口对分词性能的影响。三个音节上下文窗口和五个音节上下文窗口对应的特征模板集分别如表 50 中的 TMPT-6 和 TMPT-10 所示。

图 25　藏文分词中三个音节的上下文窗口示意图

表 50　藏文分词的两种特征模板集

	类别	特征模板	说明
TMPT-6 （三音节 窗口）	Unigram	C_n, n=−1,0,1	前一个音节，当前音节，下一个音节
	Bigram	C_nC_{n+1}, n=−1,0	前一个和当前音节的组合， 当前和下一个音节的组合
		$C_{-1}C_1$	前一个和后一个音节的组合
TMPT-10 （五音节 窗口）	Unigram	C_n, n=−1,0,1	前一个音节，当前音节，下一个音节
		C_{-2}	前面第二个音节
		C_2	后面第二个音节

	类别	特征模板	说明
TMPT-10（五音节窗口）	Bigram	C_nC_{n+1}, n=−1,0	前一个和当前音节的组合， 当前和下一个音节的组合
		$C_{-1}C_1$	前一个和后一个音节的组合
		$C_{-2}C_{-1}$	前两个音节的组合
		C_1C_2	后两个音节的组合

在表示和描述上下文信息时，以 6 字位为例，假设以 C_n 表示音节信息，其中 n 为该字与当前音节的距离。如当前音节表示为 C_0，前一个音节表示为 C_{-1}，后一个字表示为 C_1。

以具体例子来说明：

ང་/B ཚོས་/E' དགེ་/B ནེན་/E ལ་/S གུལ་/B བཟརང་/M ཤེད་/E ཀྱི་/B ཚོད་/E ་/S

考虑句子中的第三个音节"དགེ་"，它的上下文字信息表示为：

1) 当前音节为"དགེ་"，表示为："དགེ་"；
2) 当前音节的前一个音节为"ཚོས་"，表示为："ཚོས་"；
3) 当前音节的再前面一个音节为"ང་"，表示为："ང་"；
4) 当前音节的后一个音节为"ནེན་"，表示为："ནེན་"；
5) 当前音节的再后面一个音节为"ལ་"，表示为："ལ་"；

在采用条件随机场的标注模型中，通过使用特征模板来定义对上下文的依赖关系。根据选择的 5 个字宽度的上下文窗口，特征模板的实例化如表 51 所示，其中的例子描述仍以上文句中的第三个字"དགེ་"为当前字。

表 51　六字位的特征模板实例化

序号	特征模板	举例描述
1	c_{-2}	当前面第二个音节为"ང་"时，当前音节的字位为"B"
2	c_{-1}	当前面第一个音节为"ཚོས་"时，当前音节的字位为"B"

序号	特征模板	举例描述
3	c_0	当前音节为"དག·"时，当前音节的字位为"B"
4	c_1	当后面第一个音节为"ཀྱེ·"时，当前音节的字位为"B"
5	c_2	当后面第二个音节为"ལ"时，当前音节的字位为"B"
6	$c_{-2}c_{-1}$	当前面两个音节为"ང·ཚོ"时，当前音节的字位为"B"
7	$c_{-1}c_0$	当前面一个音节和当前字为"ཚོ དག·"时，当前音节的字位为"B"
8	c_0c_1	当前音节和后面一个音节为"དག·ཀྱེ·"时，当前音节的字位为"B"
9	c_1c_2	当后面两个音节为"ཀྱེ·ལ"时，当前音节的字位为"B"
10	$c_{-1}c_1$	当前后两个音节为"ཚོ/ཀྱེ"时，当前音节的字位为"B"

假设我们采用上表中的特征模板（U02:%x[0,0]，U07:%x[0,0]/%x[1,0]）来处理，则从第一个字位"ང"观察到的特征为（U02:（"ང"，B），U07:（"ངཚོ"，B））。各类特征的性质是不同的，如U06:（"ངཚོ"，E）这样的特征包含的信息量就比较大。相较而言，类似 U06:（"ཀྱེ"，S）这样的特征包含的信息量就比较少，因为单垂符"|"作为句尾符一般都被标为单字 S，与前面的字关联性较弱。

我们设定的音节位置标注集偏重于当前音节前后音节的信息，而相比一元特征模板，二元特征模板更好的覆盖了当前音节前后各两个音节的特征，因此其分词的效果也会更好。

8.4　实验及结果分析

8.4.1　实验设计

我们设计了两种实验方案，第一种方案称黏写独立标注方案，即采用四标签集和六标签集进行标注，四标签集分别是 B（词首）、E（词尾）、M（词中）、S（独立音节），黏写形式只可能在 E 和 S 位置，因此黏写形式标签为 ES 和 SS，如：ཞིང་པ་/ ཚོ་/ མ་/ མྲེལ་འཆན་/ ཆེན་པོ་/ མ་/ བཙས་མ་/ ཏ་/ ཞིང་/ 标注结果为 ཞིང་/B པ་/E ཚོ་/SS མྲེལ་/B འཆན་/E ཆེན་/B པོ་/ES བཙས་/B མ་/E ཏ་/S ཞིང་/S /S。六标签集分别是 B（词首第一音节）、B1（词首第二音节）、B2（词首第三音节）、M（词中）、E（词尾）、S（独立音节），例如：འགྲིམ་མ་ཉེ་/ འཕུར་/ ཕྱིར་/ པ་/ འཛོར་/ མ་/ ཐུབ་/ ཕྱིར་/ ཀྱུ་/ ར་/ ཡོང་/ དུང་/ /标注结果为：འགྲ/B མ་/B2 ཉ་/B3 མ་/M ཉེ་/E འཛོར་/S ཕྱིར་/S པས་/SS འཛོར་/S མ་/S ཐུབ་/S ཕྱིར་/S ཀྱུ་/B ར་/ES ཡོང་/S དུང་/S /S。

第二种方案称为疑似黏写标注方案，即在标注时把可能构成黏写形式的所有音节当作黏写形式处理，然后再根据上下环境进行还原，同样采用了四个和六个标签集，BEMS 和 BB1B2EMS，但是在标注时不对黏写形式单独处理。上面例子按照疑似黏写标注方案四个标签标注结果为：ཞིང་/B པ་/E ཚོ་/S མ་/S མྲེལ་/B འཆན་/E ཆེན་/B པོ་/E མ་/S བཙས་/B མ་/S ཏ་/S ཞིང་/S /S；六个标签标注结果为：འགྲ/B མ་/B2 ཉ་/B3 མ་/M ཉེ་/E འཛོ/B ར་/E ཕྱིར་/S པ་/S འཛོར་/S མ་/S ཐུབ་/S ཕྱིར་/S ཀྱུ་/B ར་/ES ཡོང་/S དུ/B ང་/E /S。在第 4 章我们提出了子音节的概念，同样在本句标注中，实际的标注单元应该为子音节，如 བཙས་ 被标注为 བཙ/B ས་/E，ཕྱིར་/被标注为 ཕྱི/B ར་/E。

刘汇丹等统计考察了藏语词语音节长度。实验中对 7.63 万句，约 98 万词、123 万音节字进行统计，结果是平均每个词语包含 1.26 个音节。其中，口语类语料约 6.17 万句，占 80.90%，书面语类语料约 1.46 万句，占 19.10%。口语类语料平均词长均为 1.23；书面语类语料平均词长为 1.38 个音节。根据词的音节长度，我们在实验中分别采用了 4 标签标注集配合 3 个音节的上下文窗口，另一种是 6 标签的标注集配合 5 个音节的上下文窗口。

8.4.2　实验结果与分析

本实验用的训练语料和测试语料与前文一致。采用方案一的测试结果，如表 52 所示。

表 52　CRF 四标签集实验结果

	测试语料句子	切分词数	实际词数	准确率（%）	召回率（%）	F 值
方案一 4 标签 3 个音节	3982	47775	47743	0.9403	0.9410	0.9407
方案一 4 标签 5 个音节	3982	47750	47743	0.937	0.938	0.937
方案一 6 标签 3 个音节	3982	**47795**	47743	**0.941**	**0.942**	**0.941**
方案一 6 标签 5 个音节	3982	47788	47743	0.938	0.939	0.938

　　在采用方案一的各种测试结果中，最好切分结果是六标签 3 个音节长度的策略，各项测试指标分别达到准确率：0.941，召回率：0.942 和 F 值：0.941，切分结果最差的是四标签 5 个音节长度的策略，各项测试指标为：准确率：0.937，召回率：0.938 和 F 值 0.937。详细比较如图26 所示。

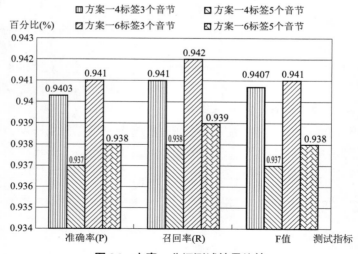

图 26　方案一分词测试结果比较

采用方案二的测试结果如表 53 所示。

表 53　采用方案二的测试结果

	测试语料句子	切分词数	实际词数	准确率（%）	召回率（%）	F 值
方案二 4 标签 3 个音节	3982	48040	47743	0.941	0.947	0.944
方案二 4 标签 5 个音节	3982	47991	47743	0.942	0.947	0.944
方案二 6 标签 3 个音节	3982	48097	47743	**0.943**	**0.950**	**0.947**
方案二 6 标签 5 个音节	3982	48050	47743	0.943	0.949	0.946

在采用方案二的切分结果中，最好的是六标签 3 个音节策略。准确率、召回率和 F 值分别为 0.943、0.950、0.947；最差的是四标签 3 个音节策略，四标签 5 个音节与四标签 3 个音节只有切分词数和准确率不同。而方案一中最差的是四标签 5 个音节的切分结果。详细比较如图 27 所示。

采用几个音节作为上下文窗口，与分词原则和训练语料有密切关系，如果分词的粒度比较粗，词的平均音节数多，上下文窗口的长度可能长一些效果好，如果词的平均音节数少，上下文窗口的长度短一些效果好，我们在制作训练语料时遵循了附录 1 的原则，词的平均音节数小于 1.5 个音节，因此，实验结果表明了 3 个音节的上下文窗口的效果最好。而在标签设置上，6 个标签要好于 4 个标签，两种切分方案都证实了这一点。

方案一和方案二相比，方案二的各种切分效果要比方案一的要好，如图 28 所示，可见在相同测试条件下，方案二的四条折线都位于方案一的四条折线之上。说明方案二的每一种策略都比方案一的同类型的策略切分效果好，同时，方案二中最差的切分结果也要比方案一中最好的切分结果好。

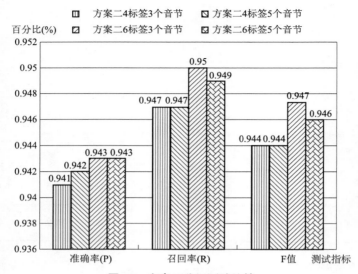

图 27　方案二分词测试比较

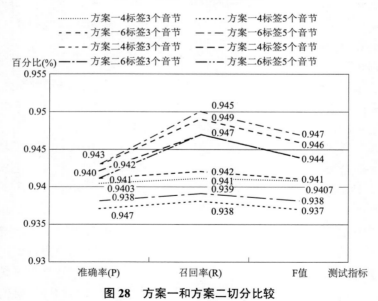

图 28　方案一和方案二切分比较

除了分词的效率以外，模型的大小也是一种衡量方法优劣的标准之一。采用方法一和方法二共训练了 4 个模型，方法一 4 标签模型大小为 15165K，6 标签模型大小为 42196K，方法二 4 标签模型大小 14213K，6 标签模型大小为 13073K。由此可见不管是分词效果还是模型大小，方法二都优于方法一。

8.4.3　错误分析

1. 歧义切分错误。同样我们以测试句 2 为例来看歧义字段 བཙས་མ་/ང་/的切分情况，2 种切分方法共有 8 种切分结果。

ཞིང་པ་/ ཚོ/ ས་/ སྲིལ་འཆབ/ ཆེན་པོ/ ས་/ **བཙས་མ་/ ང་**/ཞིང་/ / （参考标准）

A. ཞིང་པ་/ ཚོ/ ས་/ སྲིལ་འཆབ/ ཆེན་པོ/ ས་/ **བཙས་མ་/ ང་**/ཞིང་/ /

B. ཞིང་པ་/ ཚོ/ ས་/ སྲིལ་འཆབ/ ཆེན་པོ/ ས་/ **བཙས་མ་/ ང་**/ཞིང་/ /

C. ཞིང་པ་/ ཚོ/ ས་/ སྲིལ་འཆབ/ ཆེན་པོ/ ས་/ **བཙས་མ་/ ང་**/ཞིང་/ /

D. ཞིང་པ་/ ཚོ/ ས་/ སྲིལ་འཆབ/ ཆེན་པོ/ ས་/ **བཙས་མ་/ ང་**/ཞིང་/ /

E. ཞིང་པ་/ ཚོ/ ས་/ སྲིལ་འཆབ/ ཆེན་པོ/ ས་/ **བཙས/ མ་/ ང་**/ཞིང་/ /

F. ཞིང་པ་/ ཚོ/ ས་/ སྲིལ་འཆབ/ ཆེན་པོ/ ས་/ **བཙས་མ་/ ང་**/ཞིང་/ /

G. ཞིང་པ་/ ཚོ/ ས་/ སྲིལ་འཆབ/ ཆེན་པོ/ ས་/ **བཙས/ མ་/ ང་**/ཞིང་/ /

H. ཞིང་པ་/ ཚོ/ ས་/ སྲིལ་འཆབ/ ཆེན་པོ/ ས་/ **བཙས་མ་/ ང་**/ཞིང་/ /

ABCD 是方法一的切分结果，EFGH 是方法二的切分结果。从 8 种切分结果看，ABCD（方法一）的四种切分结果，字串 བཙས་མ་ང 都被正确切分。但是在方法二中只有 FH 两种结果正确，E 和 G 两种结果错误，其中 F 是切分效果最好方法的切分结果，但对这个字串的切分反而错误。

切分歧义的研究在自动分词研究中十分重要。藏语自动分词中，阐述歧义切分研究的文献不多，文献[66]简要地谈到藏语分词中的交集型歧义和组合型歧义，并指出了造成歧义的原因，但是阐述不全面也不细致；文献[67]阐述了利用词频信息对藏语交集型歧义字串切分，但仍然遇到不少问题；文献[68]在利用词频信息的基础上，提出词频+动词优先切分原则和拆分+进字组合切分原则对交集型歧义字串消歧。

在我们的实验中，链长等于 1 的交集型歧义字串会经常碰到，如在字串 ABC 中，AB∈W，A、B、C∈W，ABC ∉W（W 表示切分单位，下同），ABC 切分成 A/B/C，如上述测试句 2 中的 EG。

歧义切分错误最多集中在两个音节的字串，在字串 AB 中，A、B∈W，AB∈W，从原则上说，这种切分并不存在正确与错误，只是哪一种更好的问题。如测试语料第 145 句中的字串 ཆུང་ཚ/在参考标准的结果是 ཆུང/ ཚ/。但是两种方法的不同策略切分结果都是 ཆུང/ ཚ ས/，这说明在制作测试语料的标准答案和训练语料时遵循的切分规则不一致。这种情况两种切分都是正确的，只要我们在切分、评价时用统一的标准就可以了。

ཆུ་ཚ་ས/མཐུན་སྒྲིལ/ བྱས/ ན/ སུས/ ཀྱང/ འགན་ཟླ/ མི/ ཐུབ/ ཅིང/ །

ཆུང/ ཚ ས/མཐུན་སྒྲིལ/ བྱས/ ན/ སུས/ ཀྱང/ འགན་ཟླ/ མི/ ཐུབ/ ཅིང/ །

ཆུང/ ཚ ས/མཐུན་སྒྲིལ/ བྱས/ ན/ སུས/ ཀྱང/ འགན་ཟླ/ མི/ ཐུབ/ ཅིང/ །

ཆུང/ ཚ ས/མཐུན་སྒྲིལ/ བྱས/ ན/ སུས/ ཀྱང/ འགན་ཟླ/ མི/ ཐུབ/ ཅིང/ །

ཆུང/ ཚ ས/མཐུན་སྒྲིལ/ བྱས/ ན/ སུས/ ཀྱང/ འགན་ཟླ/ མི/ ཐུབ/ ཅིང/ །

ཆུང/ ཚ ས/མཐུན་སྒྲིལ/ བྱས/ ན/ སུ/ ས/ ཀྱང/ འགན་ཟླ/ མི/ ཐུབ/ ཅིང/ །

ཆུང/ ཚ ས/མཐུན་སྒྲིལ/ བྱས/ ན/ སུ/ ས/ ཀྱང/ འགན་ཟླ/ མི/ ཐུབ/ ཅིང/ །

ཆུང/ ཚ ས/མཐུན་སྒྲིལ/ བྱས/ ན/ སུ/ ས/ ཀྱང/ འགན་ཟླ/ མི/ ཐུབ/ ཅིང/ །

ཆུང/ ཚ ས/མཐུན་སྒྲིལ/ བྱས/ ན/ སུ/ ས/ ཀྱང/ འགན་ཟླ/ མི/ ཐུབ/ ཅིང/ །

2. 黏写形式切分错误。这个问题一直存在，下面是测试语料第 91 句的切分情况。

ཁོ/ འི/ གྲོགས་པོ/ དང/ ཕྱད/ པ/ ས/ ཁོ ས ""/ གྲགས་པོ/ །   （参考标准）

A. ཁོ/ འི/ གྲོགས་པོ/ དང/ ཕྱད/ པ/ ས/ ཁོས""/ གྲགས་པོ/ །

B. ཁོ/ འི/ གྲོགས་པོ/ དང/ ཕྱད/ པ/ ས/ ཁོས""/ གྲགས་པོ/ །

C. ཁོ/ འི/ གྲོགས་པོ/ དང/ ཕྱད/ པ/ ས/ ཁོས""/ གྲགས་པོ/ །

D. ཁོ/ འི/ གྲོགས་པོ/ དང/ ཕྱད/ པ/ ས/ ཁོས""/ གྲགས་པོ/ །

E. ཁོ/ འི/ གྲོགས་པོ/ དང/ ཕྱད/ པ/ ས/ ཁོ/ ས""/ གྲགས་པོ/ །

F. ཁོ/ འི/ གྲོགས་པོ/ དང/ ཕྱད/ པ/ ས/ ཁོ/ ས""/ གྲགས་པོ/ །

G. ཚོ/ འི་/ ཀྲོགས་པོ་/ དང་/ ཕུད་/ པ་ ས་/ *ཚོ/ ས་*"/ ཀྲོགས་པོ་/ ༎

H. ཚོ/ འི་/ ཀྲོགས་པོ་/ དང་/ ཕུད་/ པ་ ས་/ *ཚོ/ ས་*/ ཀྲོགས་པོ་/ ༎

其中 ཚོས 是黏写形式，但是在方法一的 ABCD 四种切分中，都没有正确切分。在方法二的 EFGH 中四种切分都正确。

3. 由未登录词导致的切分错误。

基于字位标注的方法，在一定程度上克服了未登录词的问题，但是藏语文本中的部分未登录词与黏写形式黏连，导致未登录词和黏写形式切分困难。如测试句子 111 句中的 གསེར་ཅ 是一个未登录词，由于 ཅ 上黏连施事格标记 ས，切分结果错误。

ཀྲོགས་པོ་/ ཆུང་ཆུང་/ གཞན་/ ཞིག/ གིས་/ "/ དེ་/ ནི་/ ཏུན་ཏུན་/ ཆུ/ *གསེར་ཙས*/ བཏུང་/ པ་ འི་/ རྐྱེན་/ གྱིས/ / རེད་ "/ ཅེས་/ བཤད་/ ༎

8.4.4　基于统计的数字处理

我们在第 6 章专门对数字处理做了论述，藏文中的三套数字体系在基于规则的分词中，依靠词典匹配的方法存在较多的局限，在基于统计的分词方法中，我们并不需要对数字做特殊处理，也遵照了字位标注的方法。在普通文本标注时，以子音节（Sub-Syllable）为标注单元，在对数字标注时，以单个阿拉伯数字、藏文阿拉伯数字和大写数字为标注单元，数字在整个数词的开始、中间、结尾分别标注为 B、M、E，单独数字成词的标注为 S，这是最基本的四字位标注方法，如果用六字位标注，则分别为 B,B2,B3,M,E 和 S。下面是一些标注实例。

A. མཚོ/S_ng འི་/S_kg གཏིང་/B_ng ཚད་/E_ng ལ་/S_kp ཆ་/B_ng རྫོམས་/E_ng སྐྱེ/S_q 1/B_m 9/E_m ཅེས་/S_z ཡོད་/S_ve ༎/S_xp

B. 1/B_m 9/B2_m 8/B3_m 7/E_m ཕོ/S_ng འི་/S_kg སྟོན་/B_ng ཁ/E_ng ར་/S_kl ༎/S_xp

C. སྒྲ/S_ng 9/B_m ཅ/E_m འི་/S_kg 7/S_m ཉིན་/S_ng གྱི་/S_kg པ/B_ng ཏོ/E_ng ར་/S_kl ༎/S_xp

D. ཟམ/B_ng པ་/E_ng དེ/S_rd འི་/S_kg རིང་/B_ng ཚད/E_ng ལ་/S_kp སྐྱེ/S_q

1/B_m 1/B2_m 2/B3_m ./M_m 5/E_m ཡོང་/S_ve ལ་/S_h རེང་/S_vl ຯ/S_xp

E. རེང་/B_ng ཚང་/E_ng ལ་/S_kp ཞི/B_ng ནི་/B2_ng སྟེ/E_ng *3/S_m* ནས/S_kc *5/S_m* ཟ/B_ng ར་/E_ng ཡོང་/S_ve ຯ/S_xp

这些例子中 A 是两个数字构成的数词，分别标注为 BE，B 句中是四个数字构成的数词，分别标注为 BB2B3E，C 句中是单个数字带后缀构成的数词，也标注为 BE,D 句中是带有小数点的数字，小数点标注为 M,或者 B2，B3，E 句中是单个数字构成的数词，标注为 S。

同样，藏文阿拉伯数字和大写数字也做相同的处理。

ༀB_m ༁B2_m ༂M_m ༃E_m ཚ་/S_ng ནས/S_kc ༄ང་/S_vt རྐྱལ/B_ng ལག/E_ng སྐྱི/B_ka ས་/E_ka ཟ/B_a ར་/B2_a ནེད/E_a ནས/B_ng ར་/B2_ng སྟེ/E_ng དང་/S_c འདུགས/B_ng སྐྱད/E_ng ཀྱི/B_a ཞེ/E_a ར་/S_ur ཐ/B_vt ར་/E_vt རེང་/S_c ຯ/S_xp

 མང་/S_ng བརྒྱ/B_m ཚ་/B2_m དྲུག/B3_m ཞི/M_m རེད/M_ng དྲུག/S_E ལ་/S_kd རྐྱངས/B_ng འབ2_ng ར་/E_ng སྒྲེ/B_ng ལ_E_ng ད་/S_kg གཞུང/B_ng ལས/E_ng ཡོ/B_ng ནི་/E_ng རེང་/S_vl ຯ/S_xp

但是还有一种混合数字，即三种数字体系混用，分词时仍然作为一个整体，如：བརྒྱ་ཚ·80，བརྒྱ་ཚ100、བརྒྱ་ཚ22.1、དང་ཕྱུར·63.4、བརྒྱ་ཚ·42.7 等，同样标注时遵循一般标注原则，分别标注为：བརྒྱ/B ཚ·/B2 1/B3 0/M 0/E、བརྒྱ/B ཚ·/B2 2/B3 2/M ./M 1/E。

8.4.5　基于统计的数字处理实验及结果

我们从测试语料 3982 句中提取出包含数词的句子共有 1003 句，对 1003 句按照前文谈到的分词方法二进行测试，测试语料中各类数字的分布及切分情况如表 54 所示。

表 54　测试语料各类数字分布及切分结果

数词类别	大写数词（单个数字）	复合数词	阿拉伯数字	藏文阿拉伯数字
数词数量	253	638	83	29
切分结果	253	632	83	29
准确率（%）	100	99.06	100	100

从表 54 可见，本次测试只有大写复合数词出现 6 个错误，其中复合数词切分错误的句子 མཚ/ འདི/ ནི/ མཐའ་སྣོན/ གྱི/ རིང་ཚད/ སྒྱི་ལེ/ ཉིས་བརྒྱ/ ལྔ་བཅུ/ ལྔག་ཆས/ ཡོད/ པ/ དང/ 中的 ཉིས་བརྒྱ/ ལྔ་བཅུ 在分词规则中作为一个整体，但此处在百位和十位之间切开了。还有百位和十位之间的联接词 དང 也有个别被切开，如 བརྒྱ/དང/བཅུ་གཉིས/。前面谈过混合数词的概念，本次测试语料中没有该类型数词，为了验证切分效果，我们另外找了几个例子测试，发现混合数字目前还不能正确切分，如 ཞེ་མཚོ་བ/ ནི/ བརྒྱ་ཆ/ ནི/ 34/ ལ/ ཐོན/ ཡོད/ ་/，这个句子中的 བརྒྱ་ཆ·34 作为一个整体比较好，但此处被切分成了 བརྒྱ་ཆ/ ནི/ 34，这类错误的原因一是训练语料中没有该类型的材料，二是分词原则还有一些模糊，需要进一步明确是否作为一个单元处理。

与基于规则的数词处理相比，基于统计的数词处理不需要特殊的过程，与普通词做相同处理；从切分结果看准确率比较高，基本上解决了文本中的数字切分问题。当然还存在个别问题，可以通过人工精细标注语料和明确分词原则等方式来解决。

8.5 基于统计的藏语分词软件简介

8.5.1 软件说明

藏语分词标注一体化工具是中国社科院民族所与中国科学院软件所共同研制开发的一款分词、标注实用工具，它包括在研究过程中需要的各种语料格式的转换功能，语言模型的调用等功能。采用了条件随机场模型，训练语料约 75 万词，分词准确率约 95%，标注准确率约 92%。

8.5.2 软件安装与卸载

1. 软件的安装
双击安装程序文件 TibetanWordCrfSegmenterAndPosTagger_

Setup.exe 启动安装向导，然后根据安装向导完成安装。

2. 软件的卸载

从控制面板中启动"添加或删除程序"，找到"基于条件随机场的藏语分词标注一体化工具软件 V1.0"，点击删除程序，完成卸载。

8.5.3　软件使用

从开始菜单快捷方式、桌面快捷方式、安装目录均可以启动本软件，启动之后的界面如图 29 所示，软件操作区分上下两部分，上部分是功能键，下部分是文本显示区。

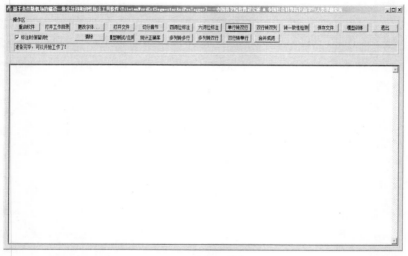

图 29　启动软件界面

1. 软件基本设置

（1）用户可以点击【更改字体】，对字体设置。如图 30 所示。

（2）用户可以通过点击【重启软件】和【打开工作目录】重启和打开软件所在的工作目录。如图 31 所示。

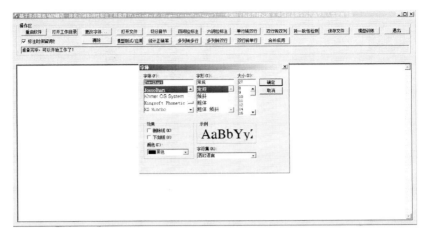

图 30　设置字体

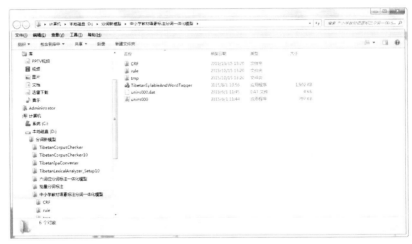

图 31　打开工作目录

8.5.4　打开文件

可以通过两种方式导入需要处理的语料，直接拷贝或者通过点击【打开文件】按钮，打开文件，如图 32 所示。

图 32　导入语料

8.5.5　模型训练

1. 音节切分与标注，软件提供两种方式切分音节，一是采用独立的音节切分模型，二是利用规则和统计相结合的四字位和六字位疑似黏写切分法。独立音节切分如图 33 所示。T 表示切分标记。T 之间为一个音节。

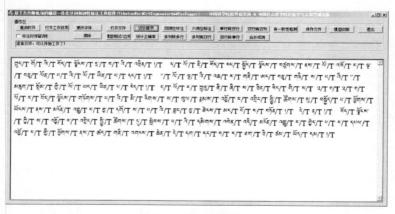

图 33　单独音节切分

四字位标注如图 34 所示。

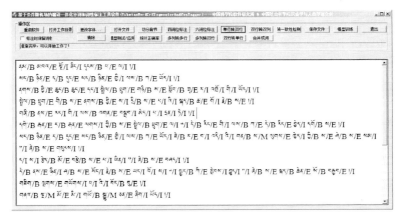

图 34　四字位切分标注

六字位标注如图 35 所示。

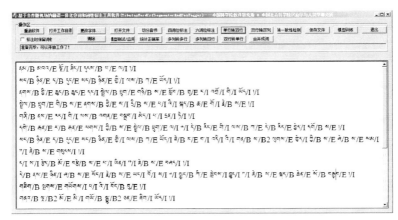

图 35　六字位切分标注

独立音节切分与四字位和六字位切分标注不同点在于，前者只是切分音节，包括对黏写形式切分，后者是在切分的同时给出了音节在词中的位置信息。

2. 格式转换

单击【单行转双行】，语料格式转换为如图 36 所示。

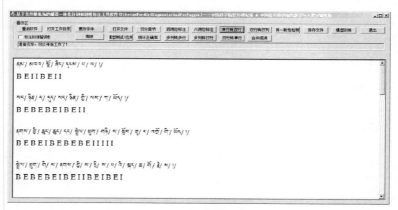

图 36　单行转双行格式

单击【双行转双列】，语料格式转为如图 37 所示。

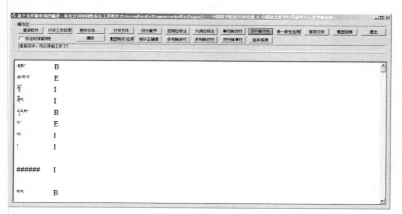

图 37　双行转双列格式

点击【保存文件】按钮，保存训练语料。

3. 训练模型

点击【训练模型】按钮，打开训练语料，如图 38 所示。

图 38　保存训练语料

调用训练模型，进行训练，训练结束后生成分词模型。如图 39 所示。

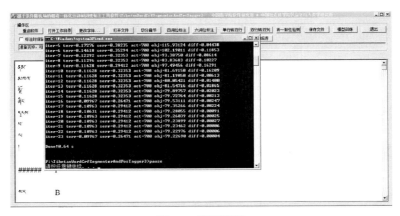

图 39　模型训练

8.5.6　利用模型分词

1. 打开需要分词（标注）的文本，通过音节切分、标注和格式转换后，得到如图 40 所示的格式（以独立音节切分为例）。

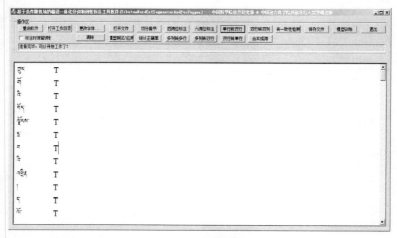

图 40　分词时音节切分

2. 点击【模型测试/应用】按钮，进行分词测试，如图 41 所示。第三列的标注即为实际音节标注结果。

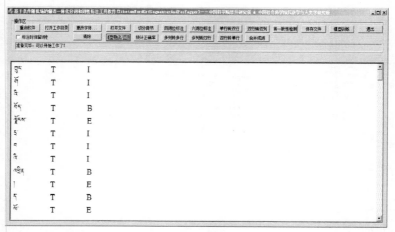

图 41　音节标注结果

3. 点击【多列转双行】按钮，转换语料格式。如图 42 所示。

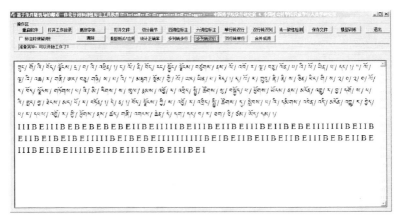

图 42　多列转双行结果

点击【双行转单行】，得到如图 43 所示结果。

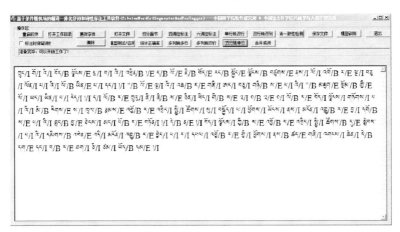

图 43　双行转单行结果

点击【合并成词】按钮，完成语料格式转换，得到分词后的语料，如图 44 所示。

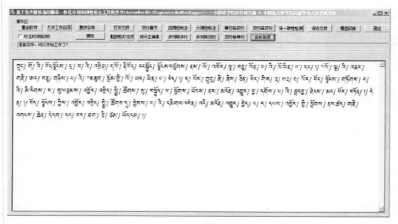

图 44　合并词语结果

4. 批处理分词与标注

单击【批量处理】，打开文件所在位置，如图 45 所示。

图 45　批量分词标注-打开需要分词的文件

分词开始，正在对第一个文件处理。如图 46 所示。

图 46　正在批量分词

分词标注结束，如图 47 所示。

图 47　分词结束

第 9 章

基于融合方法的藏文分词研究

自然语言由于自身的复杂性，仅靠单一的处理策略已经不能满足各种语言信息处理系统的要求，多种方法融合越来越成为一种研究趋势。在融合方法中最常见的有统计方法与规则方法的融合以及多种统计方法的融合。本书在研究藏语分词中，也分别使用了上述两种融合方法，实践证明这些方法的融合对提高藏语分词有一定的效果。下文我们将分别讨论这两种融合策略。

9.1 统计与规则相结合的藏文分词

本书的第 7、8 章分别阐述了基于最大熵和条件随机场模型的分词研究，采用这些模型尽管获得了不错的分词效果，但受藏语语料规模的限制，统计方法的优越性没能尽量发挥。为了进一步提高分词效果，有必要在后处理中采用一定的策略提高分词精度，本书采用基于转换的错误驱动学习方法分别对采用最大熵模型和条件随机场模型的分词结果进行后处理。

9.1.1 TBL 方法原理

基于转换的错误驱动学习（Transformation-Based Error Learning, TBL）是由 Brill 首先使用的一种机器学习方法，它既可以单独应用于分词等各种语言信息处理中，也可以作为一种后处理模块对处理结果进行校正。它的核心思想是利用一套规则体系对错误结果进行校正，这套规则体系不是靠人工编写，而是计算机从语料库中学习获得，这种自动获取方式取代了手工编写规则的烦琐，而且在一致性上具有明显的优越性。

　　TBL 方法有三个重要的组成部分：初步切分的语料、参考切分语料和转换规则模板。初步切分语料是采用基于统计方法切分后的语料，它构成 TBL 的训练语料；参考切分语料是经过人工校对的基于统计方法切分的语料，转换规则模板是通过学习对比获得的规则集。

　　一条转换规则由两部分组成：触发环境(Triggering Environment)和重写规则(Rewrite Rule)。以藏语分词的具体例子来说明，下面这句话是采用条件随机场模型切分的结果为：

བསམ་བློ་བའི་ཆོག་ནས་སྐྱེད་གལ་ཡིན་མི་ཤེད་པ་དང་ལས་འོན་ཕྱིར་ལྷུགས་ཀྱིན་དུ་མི་གཏིང་བ་ར་སྐྲབ་གསོ་ལག

ལེན་སྐྱོར་སྐྱོང་ཐུན་འཆིག་བཅས་མི་ཡོང་བ་དང་ཕྱི་རྒྱལ་ཚལ་མེན་པ་བི་འབག་ལེན་ཆིད་དགོས་པ་ར

　　句子中的 བ་ར་、ཆིད་ཆློར་ 切分存在问题，需要把 བ་ར་ 改为 བར་，ཆིད་ཆློར་ 改为 ཆིད་ཆློར་ར。以 བ་ར་ 为例，如果只考虑当前音节前后一个音节时，这里的触发条件 བ་ 的左边是动词，重写规则为当前音节 བར་ 需要切分为 བ་ར་。由于在分词阶段，我们能够运用的信息只有词形，因此转换规则集相对比较大而分散，བར་ 之前的动词词形会发生变化，由于动词的不同就会产生一条规则，要对上述句子中切分错误进行校正，需要的规则有：

གཏིང་/＋བར་=>གཏིང་/བ་ར་

ལག་ལེན་ཆིད་/＋ཆློར་=> ལག་ལེན་ཆིད་ཆློར་/ར/

　　触发条件是通过上下文环境确定的，如当前音节前后的音节为某个特定音节时，才启用重写规则。触发条件要满足预先设置的规则模板。由于在文本分词阶段，文本中可以利用的语言学信息比较少，通常只有词形（音节）、词频等信息，本书研究过程中，只利用了音节信息。假如当前音节为 S_0，可以考虑当前音节 S_0 前后各两个音节，或者当前音节 S_0 前后各一个音节。TBL 转换模板如表 55 所示。

表 55　TBL 转换模板

编号	模板转换条件	含　义
1	S_{-1}, S_0	当前音节和其前一个音节
2	S_{-2}, S_{-1}, S_0	当前音节和其前两个音节
3	S_0, S_1	当前音节和其后一个音节
4	S_0, S_1, S_2	当前音节和其后两个音节
5	S_{-1}, S_0, S_1	当前音节和其前后各一个音节
6	S_{-2}, S_{-1}, S_0, S_1	当前音节和其前两个音节及后一个音节
7	$S_{-2}, S_{-1}, S_0, S_1, S_2$	当前音节和其前后各两个音节
8	S_{-1}, S_0, S_1, S_2	当前音节和其前一个音节及后两个音节
9	$S_{-2}, S_{-1}, S_0,$ S_1, S_2	当前音节和其前后各两个音节

　　在分词文本中，音节数量相对比较大，获得的规则集也就比较大，但是并不是所有获得的规则都作为转换规则，这些规则只是构成候选规则，候选规则是否最终作为一条规则，还需要对候选规则进行评分，把得分最高的规则加入规则集，舍去那些得分低于某一阈值的规则。对规则的评价函数定义如下：

$$Score(r) = C(r) - W(r)$$

　　公式中的 Score 为转换规则的评价函数，r 表示一条候选转换规则，C(r)表示采用转换规则 r 后错误切分纠正为正确切分的数目，W(r)表示应用规则 r 后正确切分改为错误切分的数目。这里采用了纠正正确与纠正错误之差来确定评分的高低，避免了给纠正错误数量多的评了高分这种情况，使规则的选取更加切合实际。

9.1.2　TBL 模型

　　TBL 模型训练，下载 fnTBL 工具包[69]，制作相关的文件，详细情况请参见附录 6。TBL 模型生成最核心部分是学习器，即从分词训练语料中学习转换规则集。学习器的运作需要三部分资源：（1）人工校对的分词语料；（2）经过初始分词的语料，初始分词可以采用规则方法，也可以采用统计方法，本实验利用 CRF 统计模型，采用 6 标签的黏写和分词一体化切分的方法，训练 CRF 模型的语料同前文其他部分使用的训练语料一致，然后对语料进行自动切分，获得初始切分语料；（3）转换规则模板集合，学习器比较资源（1）和（2），从错误切分中习得转换规则，组成转换规则集。训练语料格式如下，第一列是音节，第二列是初始分词结果的标注标签，第三列是正确的标注标签。

རྡུས	E	B
གཅིང	B	E
ཚེ	M	B
ཁ	M	E
གསུམ	E	S
ཀྱི	S	S
ལ	B	B
སོ	E	E

在整个转换规则集的学习过程中，本实验选择了大约 5 万句分词语料作为训练材料。共生产 649 条转换规则，转换规则格式如下：

GOOD:469 BAD:146 SCORE:323 RULE: pos_0=S word_0=ཤིག
word_1=ZZZ word_2=ZZZ => pos=E

GOOD:225 BAD:2 SCORE:223 RULE: pos_0=E' word_0=འདིའི
word_1=ZZZ word_2=ZZZ => pos=E

GOOD:214 BAD:12 SCORE:202 RULE: pos_0=M word_0=སྐྱོ
word_1=ZZZ word_2=ZZZ => pos=B

下面我们做一个小实验，验证 TBL 的效果，我们把测试语料的第二列用字位标签之外的一个标签替换，如把 B、M、S、E 替换成 X，然后利用模型测试，观察 TBL 模型的校正效果。从下列例子可以看到一些 X 标签被替换成了 S、ES、B 等，这些都是根据规则集对错误标注的一次校正。

音节	特殊标签	参考答案	音节	校正标签	参考答案
གར་	XX	ES	གར་	ES	ES
འདིའི་	XX	SS	འདིའི་	SS	SS
”	X	S	”	S	S
”	X	S	”	S	S
”	X	S	”	S	S
”	X	S	”	S	S
”	X	S	”	S	S
ན་	X	E	ན་	E	E
ཅུར་	X	B	ཅུར་	B	B
ཀྱིའི་	X	SS	ཀྱིའི་	SS	SS
འབའ་	X	S	འབའ་	B	S
”	X	S	”	S	S
ན་	X	E	ན་	E	E
”	X	S	”	S	S

9.1.3 TBL 融合实验

当前，统计方法在语言文本分析中占据了主要地位，但是统计方法也有它自身的缺陷，规则方法虽然有一些缺陷，但是也存在优点，把两种方法结合起来使用，取长补短是最理性的一种策略。

条件随机场模型与 TBL 融合实验。我们采用 TBL 方法对基于 CRF 模型的分词结果进行校正，首先看对第 8 章中采用的方法一：四标签的条件随机场模型切分结果的校正情况，如表 56 所示。

表 56　方法一 CRF 与 TBL 结合实验结果

	M1-4-6	TB 校正	效果	M1-4-10	TBL 校正	效果
P	0.9403	0.9336	↓0.0067	0.9374	0.9309	↓0.0065
R	0.9410	0.9371	↓0.0039	0.9375	0.9346	↓0.0029
F	0.9407	0.9353	↓0.0054	0.9375	0.9327	↓0.0048

从表中可见,TBL 校正结果的各项测试指标无一例外都降低了,采用四标签三个音节窗口和五个音节窗口的结果都无例外,而且效果越好的结果校正后降低得越多。原因有多种,一是训练 TBL 模型的语料规模比较大,难免会出现一些人工标注错误;二是训练 TBL 模型的语料和 CRF 模型用的语料存在题材差别,标注的一致性方面也会有一些问题。

我们对 TBL 模型生成的规则进行修改,把得分小于 5 的规则都去掉,同时把得负分大于 5 的规则也去掉,649 条规则最终留下了 222 条,再次进行测试。其结果如表 57 所示。

表 57　修正 TBL 规则集后测试结果

	M1-4-6	TBL 校正	效果	M1-4-10	TBL 校正	效果
P	0.9403	0.9396	↓0.0007	0.9374	0.9368	↓0.0006
R	0.9410	0.9408	↓0.0002	0.9375	0.9380	↑0.0005
F	0.9407	0.9402	↓0.0005	0.9375	0.9374	↓0.0001

经过规则删减, TBL 校正的负作用减低了,但是对 M1-4-6 来说,它仍然没有 CRF 的本身结果好,但在 M1-4-10 中,R 值有 0.0005 个百分点提升。这说明 TBL 用于初次处理不好的结果,通过校正可能有一些效果,但对于初次处理比较好的结果,其校正效果比较差,甚至还会拉低初次处理的效果。因此对采用 CRF 模型的分词结果,就不能简单地利用 TBL 校正,但是可以考察 CRF 分词结果中的错误,把这些错误实例按照 TBL 规则集的格式,添加在规则集中,也

许是一种不错的校正方法，它可能有针对性地采用 CRF 模型切分的
错误进行校正。

当采用方法二时，TBL 学习获得的规则非常有限，采用四个标
签集方法学习出 31 条规则，采用六标签集学习出 45 条规则。校正
的效果总体上仍然变差，但下降幅度比较小，详细情况如表 58、表
59 所示。

表 58 方法二 CRF 与 TBL 结合实验结果（1）

	M2-4-6	TBL 校正	效果	M2-4-10	TBL 校正	效果
P	0.9413	0.9412	↓0.0001	0.9419	0.9418	↓0.0001
R	0.9471	0.9471	0.0000	0.9468	0.9468	0.0000
F	0.9442	0.9441	↓0.0001	0.9443	0.9443	0.0000

表 59 方法二 CRF 与 TBL 结合实验结果（2）

	M2-6-6	TBL 校正	效果	M2-6-10	TBL 校正	效果
P	0.9431	0.9429	↓0.002	0.9433	0.9431	↓0.002
R	0.9501	0.9500	↓0.001	0.9494	0.9493	↓0.001
F	0.9466	0.9465	↓0.001	0.9464	0.9462	↓0.002

9.2 统计、词典和语言规则相结合的分词实验

基于统计的分词方法是目前研究者采用的主流方法，利用人工
校过的切分语料训练出一个统计模型进行分词解码，采用统计模型
分词，分词速度和精度得到极大的改善，而且易于操作。但是也存
在一些缺点，如分词语料与训练语料的类型不一致，就会影响分词
效果。与之相反，基于词典的分词在此方面有一定的优势[70]。在藏语
分词的早期阶段，学者主要采用了基于词典的方法；而最近几年大家
都倾向于采用统计的方法；把两种方法结合起来进行藏文文本分词的

研究成果并不多。本书的前面章节中，也分别对基于词典匹配的规则分词方法和统计方法进行了相关介绍。从目前的情况来看，单纯依靠一种方法对藏文分词精度的提高逐渐达到天花板，必须依靠多种方法来一点点提升效果。本节中，我们主要关注采用 CRF 模型分词切分结果中的错误实例，并根据这些错误实例，寻找一定的规则，把这些规则作为 CRF 模型的后处理，以此期望提高分词的效果。

规则后处理模块包括两个部分，词典库和规则库。词典库的规模尽可能大，可以包括一些专业词库；规则库主要指根据错误类型编制的规则。

9.2.1　黏写音节切分错误校正

黏写音节切分错误占比较高，是后处理需要解决的首要问题。黏写音节切分错误包括两个部分，一是本来是黏写音节，语言模型没有正确切分开，二是本来不是黏写音节，但语言模型按照黏写音节切开了。导致后一种"过切分"的主要原因是我们在使用统计模型时，采用了疑似黏写音节先切分再结合的方案，结果部分被切分开的非黏写形式没有能正确的组合。

提取单个音节不在词典中的实例。如：

གདུང་ས/ འི/ ངོས/ ཀྱི/ ཁམས་བུ/ ནི/ དང་ཆེན/ སྟ/ ཕྱས/ བརོས/ པ/ ས/ མཐས/ ཤིང/ ཙན་ཕྱག/ པ/ ཞིག/ ཡོང/ ི/中的 ཕྱས，

考察 ཕྱས 的构成情况，如果最后一个字符是黏写标记，切分标记后的 ས 存在于词典中，则原单音节从最后一个字符前切分开。如 ཕྱ/ས。但是这个方法有个缺点，即如果单个音节存在于词典中，但实际上它确实是一个错误切分时，利用这种方法就不能处理了。黏写未切开的例子如下：

CRF 切分结果： གྲགས་པོ/ ཆུང་ཆུང/ གཞན/ ཞིག/ གིས/ "/ དེ/ ནི/ ཏན་ཏན/ ཅུ/ **གསེར་ཅས** /བདུང/ པ/ འི/ རྐྱེན/ གྱིས/ རེད/ "/ ཅེས/ བཤད/ །/

参考结果：གྲགས་པོ/ ཆུང་ཆུང/ གཞན/ ཞིག/ གིས/ "/ དེ/ ནི/ ཏན་ཏན/ ཅུ/ **གསེར་ས/ ས/** བདུང/ པ/ འི/ རྐྱེན/ གྱིས/ རེད/ "/ ཅེས/ བཤད/ །/

CRF 切分结果：གདུང་མ་/ནི་/ངོས་/ཀྱི་/ཤམ་བུ་/ནི་/དར་ཚོན་/སྟུ་/ལྷས་/བཙོས་/པ་/མ་/མཛེས་/ཤིང་/ལྷུ་ན་ལྷུག་/པ་/ཞིག་/ཡོད་/།

参考结果：གདུང་མ་/ནི་/ངོས་/ཀྱི་/ཤམ་བུ་/ནི་/དར་ཚོན་/སྟུ་/ལྷ་/ས་/བཙོས་/པ་/མ་/མཛེས་/ཤིང་/ལྷུ་ན་ལྷུག་/པ་/ཞིག་/ཡོད་/།

CRF 切分结果： སོག་བྱིས་/ནི་/ངོས་/བཏུངས་/ནས་/ཞིབ་པ་/རྣམས་/ཧོག་ཐུམ་/གཅིག་/བཀྲུལ་/།

参考结果： སོག་བྱིས་/ནི་/ངོ་/ས་/བཏུངས་/ནས་/ཞིབ་པ་/རྣམས་/ཧོག་ཐུམ་/གཅིག་/བཀྲུལ་/།

黏写过切分的例子如下：

CRF 切分结果：ཟ་ཆེས་/ཉེ་/ར་/གདངས་/ཤིང་/མཆེ་བ་/རྙོན་པོ་/ནི་/གཙིགས་/ནས་/བཟའ་རྙིས་/བྱེད་/པ་/ན་/།

参考结果：ཟ་ཆེས་ཆེང་/གདངས་/ཤིང་/མཆེ་བ་/རྙོན་པོ་/ནི་/གཙིགས་/ནས་/བཟའ་རྙིས་བྱེད་/པ་/ན་/།

CRF 切分结果： དེ་/ནི་/ཐོག་/བཀབ་/པ་/ནི་/རབ་/དེ་སྦ་ར་/ལྔངས་/པ་/ན་/།

参考结果：དེ་/ནི་/ཐོག་/བཀབ་/པ་/ནི་/རབ་/དེ་/སྦ་ར་/ལྔངས་/པ་/ན་/།

CRF 切分结果：གཟུགས་པོ་/ནི་/སྙིང་ཚོན་/ལ་/སྐྱི་ཆུ་/280/ཡས་མ་ན་/ཡོད་/པ་/ན་/།

参考结果：གཟུགས་པོ་/ནི་/སྙིང་ཚོན་/ལ་/སྐྱི་ཆུ་/280/ཡས་མ་ས་/ཡོད་/པ་/ན་/།

针对黏写错误的上述问题，可以利用词典和规则进一步优化分词结果。

对一个切分字串，如果有切分单位不在词典中，该切分单位有几种可能：一，它本身是一个未登录音节；二，可能是黏写未切分开音节；三，可能是正常音节被"过切分"。

针对上述问题，我们的处理步骤是：

1）利用频率词典为 CRF 切分后的字串中的切分单位赋值。频率词典包括训练语料和测试语料中的所有词条，这部分词有可靠的频率。但是词典需要进一步扩充，以减少未登录词的比例，扩充部分词条的频率都赋值为 1。当遇到赋值为 0 的切分单位时，处理如 2）。

2）判断频率为 0 的字串的最后一个音节是否为疑似黏写形式，如 ས、འ、ར 等；如果判断为真，切分最后一个疑似黏写标记，剩下的部分查词典，如果词典匹配成功，则分别保留为分词单位。如果判断为假，则不做处理。

上述调节规则有三个问题：① 可能会把一个带有黏写形式的未登

录词当作黏写音节处理。② 不能处理"过切分"错误。③ 不能处理本身是黏写，但又与词典中的某个形式同形的赋值不为 0 的错误情况。第一个问题虽然存在，但错误切分的比例要比正确校正错误的比例低，原因是这个规则只是对带有疑似黏写标记的字串校正，疑似黏写标记主要是 ས、ར，只占后加字符的 1/6。后面两种情况尽管不能处理，但也不会导致新的错误，因此不会影响校正后切分效果的提升。表 60 列出了部分黏写正确校正的例子，A 行表示 CRF 切分结果，斜体加黑部分是错误切分字串，B 行表示经规则校正后的结果。

表 60　规则校正实例

A	གྲོགས་པོ་/ ཆུང་ཆུང་ /ཡིས་ /ཞིག་ /གནན་ /" /དེ་ /ཆུ་ /ཏུར་ཏུར་ /ནི་ /**གནེན་ཞབ**/ བཏུང་ནི་ /བ་ /ཀྲེན་ཀྲིན་/ /རིད་ /" /ཅེས་/ /བཤད་ /
B	གྲོགས་པོ་/ ཆུང་ཆུང་ /ཡིས་ /ཞིག་ /གནན་ /" /དེ་ /ཆུ་ /ཏུར་ཏུར་ /ནི་ /**གནེན་ཞ/བ**/ བཏུང་ /ནི་ /བ་ /ཀྲེན་/ /རིད་ གྲིན/" /ཅེས་/ /བཤད་ /
A	གདུང་ས/ དེ་ /སྐུ་ /དར་ཚོན་ /ནི་ /ཉམས་བུ་ /ཀྱི་ /ཅོས་ /**ཐབས**/ /བཙོས་ /ཤིང་ /མཆོས་ /ས་ /པ་ /ལྷ་ན་ལྷག་ /པ་ / /ཡོད་ /ཞིག /
B	གདུང་ས/ དེ་ /ཅོས་ /ཀྱི་ /ཉམས་བུ་ /ནི་ /ཚོན་ དར་ /སྐུ་ /**ཐ/བ**/ /བཙོས་ /པ་ /མཆོས་ /ཤིང་ /ལྷ་ན་ལྷག་ /པ་ / ཞིག /ཡོད་ /
A	སོག་ཕྲིས་/ དེ་ /**ཊྟོ**/ /གཅིག་ /ཕོག་ཐུབ་ /ཀྲམས་ /ཞིག་པ་ /ནས་ /བཏུང་ས་ /བཀུབ/ /
B	སོག་ཕྲིས་/ དེ་ /**ཊྟ ས**/ /བཏུང་ས་/ /བཀུབ་ /གཅིག་ /ཕོག་ཐུབ་ /ཀྲམས་ /ཞིག་པ་ /ནས་ /
A	ཁྲིས་པ་ /ས་ /" /ང་ /ཡིན་ /ལ་ /ཁྲིམ་ /སློང་གནས་ /ནི་ /" /ཟེར་ས་ /ཀྱལ་པོ་ /ནས་ /དེ་ /འདན་གཁོང་གི་ / /ནས་ /ཁྱུག་གཏད་ /ལ་ /ཡྱུལ་གཞིས་ /ནི་ /པ་ /ཡོད་ /དུ་ /ཕ་རོ་ /" /**བ་གིད**/ནས་ /གང་ /ལས་ /ན་ /འགྲོ་/ /ནེ་ /ཞིན་ /ས་ /ཁྲིས་ /པ་ /ར་ /པ་ /ཏིམ་ /" /ནེ་ /འདོད་ /ཟབད་གར་ /ན་ /དགོར་ /ནིད་ /ནས་ /བསྐོར་ /ར་ /སོང་ /" /ཟེར/ /
B	ཁྲིས་པ་ /ས་ /" /ང་ /ཡིན་ /ལ་ /ཁྲིམ་ /སློང་གནས་ /ནི་ /" /ཟེར་ས་ /ཀྱལ་པོ་ /ནས་ /དེ་ /འདན་གཁོང་གི་ / /ནས་ /ཁྱུག་གཏད་ /ལ་ /ཡྱུལ་གཞིས་ /ནི་ /པ་ /ཡོད་ /དུ་ /ཕ་རོ་ /" /**བ་གི/ར**/འགྲོ /ནས་ /གང་ /ལས་ /ན་ /ཏིམ་ /ནེ་ /ཞིན་ /ས་ /ཁྲིས་པ་ /ར་ /པ་ /ཏིམ་ /" /ནེ་ /འདོད་ /ཟབད་གར་ /ན་ /དགོར་ /ནིད་ /ནས་ /བསྐོར་ /ར་ /སོང་ /" /ཟེར/ /
A	ལུས་/ ལ་ /མཉེན་ /ཞིང་ /འཇམ་ /དེ་ /སྐྱལ་པ་ /ཅིང་ /ནཊན་ /ལ་ /**སྐྱོ་སྐྱུས**/དང་ /ཀྲལ་པ་ / /
B	ལུས་/ ལ་ /དེ་ /སྐྱལ་པ་ /ཅིང་ /གནག་ /ལ་ /མཉེན་ /ཞིང་ /འཇམ་ /**སྐྱོ་སྐྱུ/ས**/ཀྲལ་པ་ /དང་/ /

对于"过切分"的黏写形式的处理也有局限，如果"过切分"后的字串在词典赋值不为 0 时，就无法处理。如 ཁ/ ས/ པ/ དང/ གུས/ ཞེ/ ར/ ཇེ/ / དགོས/ གསུང/ / 中的 ཁ/ ས/ པ/应该为 ཁསཔ/，但是"过切分"后的 ཁ/ ས/ པ/都存在于词典，对这个错误进行校正比较困难。

9.2.2 由语法问题导致切分错误的校正

CRF 切分结果：ལ/ལ/ས/མཚོ/ནང/གི/ **ཉ/འཛིན/**པ/སོགས/གང་དག་གང་སྐྱེད/དང/འཚོ/བཞིན/ ཡོད/ /

参考结果：ལ/ལ/ས/མཚོ/ནང/གི/ **ཉ/ འཛིན/**པ/སོགས/གང་དག་གང་སྐྱེད/དང/འཚོ/བཞིན/ཡོད/ /

这两种切分结果其实都有一些道理，但从语感上参考结果比较好一些。也有一些切分是错误的结果，如：

CRF 切分结果：མེད/ཕྱུག/གཅིག/གིས/ཉེན/གང/ཐུར/བརྩོན/ཆེན་པོ/ས/མཆོད་རྒྱུག/འཛིན/གསུམ/ **ཀྱི/ ཐུག/ རྩོང/**བཞིན/ཡོད/ས/དང/ /

参考结果：མེད/ཕྱུག/གཅིག/གིས/ཉེན/གང/ཐུར/བརྩོན/ཆེན་པོ/ས/མཆོད་རྒྱུག/འཛིན/གསུམ/ **ཀྱི/ ཐུག/ རྩོང/**བཞིན/ཡོད/ས/དང/ /

针对这类问题，我们采用了如下规则校正：

在遇到字串序列为：<ཀྱི/>、<འི/>、<ཀི/>、<ཀྱི/>+<xx/>、<xxx/>+<བཞིན/>、<ཀྱིན/>、<པ/>、<ག/>、<ནས/>、<ཀྱང/>、</>、<//>、<ཀི/རེད/>、<ཀི/ཡོད/>、<ཀི/འདུག/>时，

（1）xx 切分为 x/x 和（2）xxx 切分为 xx/x（x 表示一个音节）。

例如：རེ/ འདི/ ** འེ/ ནས/བཞུང/**པ/ རེད/"/ ཅེས/ བཤད/ /根据规则（1），切分为：རེ/ འདི/ **འེ/ ནས/ བཞུང/ པ/ རེད/"/ ཅེས/ བཤད/ /；

བཟང་རྒྱ/ གཉིས/ ཀྱིས/ སྲོ/ གསོ/ འཛིན/ པ/ ར/ རེ/ ས/ སྐྱེས/ རྒྱ/ **དེ/ སོགས་བྱས/ /**根据规则（1）切分为：བཟང་རྒྱ/ གཉིས/ ཀྱིས/ སྲོ/ གསོ/ འཛིན/ པ/ ར/ རེ/ ས/ སྐྱེས/ རྒྱ/ **དེ/ སོགས/ བྱས/ /**；

སྣ་རྣས/ ལ/ མི་འབྲས/ ནས/ ཡོས/ གི/ **སོག/ འཚིག/ པ/ དང/ /**根据规则（1）切分为：སྣ་རྣས/ ལ/ མི་འབྲས/ ནས/ ཡོས/ གི/ **སོག/ འཚིག/ པ/ དང/ /**；

ཁོང/ གིས/ ཐབ/ སྐྱེ/ དུ/ བགལ/ པ/ འི/ དུའི/ དང/ **གི/ རྒྱ/ སོག/ ནས/ /**根据规则（1）切分为：ཁོང/ གིས/ ཐབ/ སྐྱེ/ དུ/ བགལ/ པ/ འི/ དུའི/ དང/ **གི/ རྒྱ/ སོག/ ནས/ /**；

རང་རྒྱལ/ **ཀྱི/ མཚོ་རྒྱུ/** བ/ འི/ མདུན་ཕྱོགས/ སོ་སྲ་ཆེད/ ས/ ཞིག/ ཀྱང/ ཡིན/ /根据规则（2）切分

为：རང་རྒྱལ་/ **ཀྱི་/མཚོ་སྒྲུང་/** བུ་/ བའི་/ མཐུན་ཕྱོགས་/ སོ་སོ་ཐེད་/ ས་/ ཞིག་/ ཀྱིན་/ ཡིན་/ ་//；

ཞེས་/ ཡ་མཚན་/ པ་ **དེ་/ རྐྱེན་མ་ཐེད་/** པ་/ དང་/ འདི་// 根据规则（2）切分为：ཞེས་/ ཡ་མཚན་/ པ་ དེ་ **/ རྐྱེན་མ་ཐེད་/** པ་/ དང་/ འདི་// ；

བུ་ཚོག་/ གི་/ སྐྱོན་པོ་/ ས་/ "/ དེ་རིང་/ ང་/ ཚོ་/ འཚོགས་/ ཏེ་/ འདུག་པ་/ **དེ་/ གྲོས་བྱས་/ ཀྱང་/** ས་/ མཐུན་/ ཏེ་/ ་// 根据规则（2）切分为：བུ་ཚོག་/ གི་/ སྐྱོན་པོ་/ ས་/ "/ དེ་རིང་/ ང་/ ཚོ་/ འཚོགས་/ ཏེ་/ འདུག་པ་ དེ་ **/ གྲོས་/ བྱས་/ ཀྱང་/** ས་/ མཐུན་/ ཏེ་/ ་// 。

9.2.3　歧义切分错误校正

歧义字段获取，通过正向最大匹配和逆向最大匹配获得。我们从测试语料 3982 句中获得了交集型歧义字段 536 个。表 61 列出一些实例。

表 61　交集型歧义字段

序号	正向最大匹配	逆向最大匹配	序号	正向最大匹配	逆向最大匹配
1	སྐད་ཆེན་/ པོ་/	སྐད་/ ཆེན་པོ་/	8	བུ་ཆོ་/ ལོ་	བུ་/ ཆོའི་ཁྲུང་/
2	ང་ཚོ་/ ར་/	ང་/ ཚོར་/	9	མེ་སྟོང་/ ར་/ ས་/	མེ་/ སྟོ་/ ར་/ ས་/
3	འདུ་ཕུ་/ མོ་/	འདུ་/ ཕུ་མོ་/	10	འདོད་/ པ་/ ར་	འདོད་/ པར་/
4	དུ་ས་/ ཆུ་	དུ་/ ས་ཆུ་	11	རྗེ་ས་/ ལུས་/ པོ་/	རྗེ་ས་/ ལུས་པོ་/
5	དེ་རང་/ ཁྲིབ་/	དེ་/ རང་ཁྲིབ་/	12	རྒྱུ་/ བུ་/	རྒྱུ་/ བུར་/
6	འཛིན་/ པ་/ ར	འཛིན་/ པར་/	13	གྱུར་/ པ་/ ར་	གྱུར་/ པར་/
7	རྣམ་/ འགྱུར་/ བ	རྣམ་/ འགྱུར་/ པ་/	14	ང་མ་/ ར་/	ང་/ མར་

观察上表，我们发现，部分歧义字段由藏文中的黏写音节构成，这可能与汉语有些区别，例如 དུ་/ ས་ཆུ/，由于词典中有对黏写标记的切分机制，因此出现了 དུ་/ ས་ཆུ/ 的歧义字段。

当采用统计模型时，由于黏写音节的切分正确率大幅提升，由黏写音节构成的歧义字段大部分被消解。因此在切分结果错误中，歧义字段并不多。如表 62 所示的歧义字段在统计分词中都正确切分，其中斜体加粗部分是歧义字段，B 行表示 CRF 模型切分结果。

表 62　歧义字段切分实例

A	སྐྱུང་གི་སྟེབས་སྲུང་"ཞེས་སྐད་ཆེན་པོ་བརྒྱབ།
B	སྐྱུང་གི་/ སྟེབས་/ སྲུང་/ " / ཞེས་/ སྐད་/ ཆེན་པོ་/ བརྒྱབ་/ །
A	འདི་ཡས་ང་ཚོ་ར་མཆོར་ལུག་ལྲུན་པའི་འཇིག་རྟེན་སྒྲོན་ཁྲབ་པས་ཚོ་ཤིན་དུ་ཚེ་"ཞེས་ཟེར།
B	འདི་/ ཡས་/ ང་/ ཚོ་/ ར་/ མཆོར་ལུག/ ལྲུན་/ པ་/ ཝེ་/ འཇིག་རྟེན་/ སྒྲོན་/ ཁྲབ་/ པ་/ ས་/ ཚོ་/ ཤིན་དུ་/ ཚེ་/ " / ཞེས་/ ཟེར་/ །
A	དེ་ཡོང་ན་སྨྲན་པས་དུ་ཚང་རྒྱུང་པའི་ནད་འབྲུབ་མོ་མཚོང་ཐུབ།
B	དེ་/ ཡོང་/ ན་/ སྨྲན་པ་/ ས་/ དུ་ཚང་/ རྒྱུང་བ་/ ཝེ་/ ནད་/ འབྲུབ་/ བུ་མོ་/ མཚོང་/ ཐུབ་/ །
A	སློ་བཟང་གིས་ལུ་གུ་དེ་རང་ཁྲིས་དུ་ཁྲེར་ནས་ལོ་མ་སྟེར།
B	སློ་བཟང་/ གིས་/ ལུ་གུ་/ དེ་/ རང་ཁྲིས་/ དུ་/ ཁྲེར་/ ནས་/ ལོ་མ་/ སྟེར་/ །

但是在统计分词中，最主要的歧义字段是组合型歧义字段，即字段 AB 中，A∈W，B∈W，AB∈W。

例如：CRF 切分结果：བཀོད་/ འདོམས་/ ཉེ་/ གནུས་/ ནས་/ མེ་/ ཤུགས་/ འཕུར་/ མདའ་/ ལ་/ མི་/ སྙར་/ དགོས་/ པ་/ ཝེ་/ བཀའ་/ ཁབ་/ པ་/ ན་/ །

参考结果：བཀོད་/ འདོམས་/ ཉེ་གནུས་/ ནས་/ མེ་/ ཤུགས་/ འཕུར་/ མདའ་/ ལ་/ མི་/ སྙར་/ དགོས་/ པ་/ ཝེ་/ བཀའ་/ ཁབ་/ པ་/ ན་/ །

CRF 切分结果：དེ་/ ནས་/ སྤྲ་/ ཡང་/ ཉེ་ས་/ ཝེ་/ རྒྱང་ཚོང་/ འཇལ་/ ཉེད་/ ཀྱི་/ སྐྱིག་/ ཆས་/ ཤིག་/ བཙུངས་/ །

参考结果：དེ་/ ནས་/ སྤྲ་/ ཡང་/ ཉེ་ས་/ ཝེ་/ རྒྱང་ཚོང་/ འཇལ་ཉེད་/ ཀྱི་/ སྐྱིག་/ ཆས་/ ཤིག་/ བཙུངས་/ །

CRF 切分结果：ཚོ་/ ཚོ་/ ར་/ དབང་/ བ་/ ཝེ་/ ས་/ ཝེ་/ ཁ་/ ཤིང་/ ཚེ་ཆུང་/ །

参考结果：ཚོ་/ ཚོ་/ ར་/ དབང་/ བ་/ ཝེ་/ ས་/ ཝེ་/ ཁ་ཤིང་/ ཚེ་ཆུང་/ །

组合型歧义字段处理比较困难，单纯依靠短距离的上下文难以解决，长距离的上下文规则也难以融入整个系统中，因此需要考虑其他的语言学信息，我们通过对藏语字的性质标注，利用标注信息来考虑纠正部分组合型歧义。例如上面的句子通过字标注和分词一体化模型后的结果如下：

【བཀོད་/v འདོམས་/v 】【ཉེ་/c 】【གནུས་/v 】【ནས་/c 】【མེ་/n ཤུགས་/n 】【འཕུར་/v མདའ་/n 】【ལ་/kd 】【མི་/n སྙར་/v 】【དགོས་/v 】【པ་/h 】【ཝེ་

/kg 】 【བཀའ་/n 】 【ཕབ་/v 】 【པ་/h 】 【ན/kl 】 【།/xp 】

【དེ་/rd ནས་/kc 】 【སྔར་/d ཡང་/d 】 【ཉེ་/n མ/nf 】 【འི་/kg 】 【རྒྱང་/n ཚད་/n 】 ***【འཇལ་/v བྱེད་/v 】*** 【ཀྱི་/kg 】 【སྒྲིག་/v ཆས་/n 】 【ཞིག་/m 】 【བཙུགས/v 】 【།/xp 】

【ཁོ་/rh 】 【ཚོ/pl 】 【ར་/kp 】 【དབང་/v 】 【བ/h 】 【འི་/kg 】 【ས/n 】 【འི་/kg 】 ***【ཁ་/n ཞེང་/n 】*** 【ཆེ་/a ཆུང་/a 】 【།/xp 】

上述三个句子是加入了藏字的字性信息后的分词结果，其中第一句的 ཉེ་གནས་ 仍然切分错误，第二句和第三句中的 འཇལ་བྱེད་、ཁ་ཞེང་ 都切分正确。说明字性信息有助于提高分词的效果。

经过上述各种后处理后，我们的分词系统测试结果如表 63 所示。

表 63 规则后处理测试结果

	M2-6-6	规则校正	效果
P	**0.9431**	0.9435	↑ 0.004
R	**0.9501**	0.9509	↑ 0.008
F	**0.9466**	0.9471	↑ 0.005

从测试结果看，规则后处理有一定的效果，但是也不能获得较大幅度的提高。

9.3 分词实验语料一致性检测

在分词评测中，还有一种错误是分词训练和测试语料一致性的问题导致的。在语料加工时，总会出现一些不一致的现象，这就需要不断地对训练和测试语料检查更正。我们对实验材料多次检查后发现，一些错误需要结合具体上下文确定切分规则，一些错误是由于切分手法不一致等。下面是一些具体的调节实例。

测试句 1. ནམ་མཁའ་/ སྔོ་/ ཞིང་/ དྭངས་པ་/ ལ/ །/

དྭངས་པ 此处需要切分为 དྭངས་/པ, 理由：这里是一个并列结构，སྔོ 和

དངས་ 构成并列，共用形容词后缀 པ；其他与此类似的结构采用相同的处理措施。

测试句 2. མེ་/གཡོ་སྐྱ་ཅན་/ དེ་/ ས་/ གནས་ཚ྄ུལ་/ དེ་/ ཚོ་/ རྗེས་/ སེམས་/ དགའ་/ ཞིང་/ ཡིད་ཚིམ་/ པ་/ ར་/ གྱུར་/ །

ཡིད་ཚིམ 此处需要切分为 ཡིད་/ཚིམ，སེམས་/ དགའ་/ ཞིང་/ ཡིད་ཚིམ/ 构成并列结构，前面的 སེམས་/ དགའ 切分了，相应的 ཡིད་ཚིམ 也切分为 ཡིད་/ཚིམ，སེམས་/ དགའ 和 ཡིད་/ཚིམ 共用名词化标记 པ。

测试句 18. ནས་མ྄ཁའི་/ སྐྱར་མ་/ ས་ "/ དེ་འདུ་/ ནི་/ མཚོ་བ་/ ལ་/ ཨང་/ །，ནས་མ྄ཁའི 修正为 ནས་མ྄ཁ/ འི，对带有还原形式的黏写形式，采用同样的方法处理。

测试句 31. མེང་ཕྱུག་/ གཅིག་/ གིས་/ ཉིན་/ གང་/ དུར་བཙ྄ོན་/ ཆེན་པོ་/ ས་/ མཚོང་ཀྲུག་འཛ྄ིན་ག྄ས྄ུམ་/ གྱི་/ ཁྲ྄ལ་/ སྤྲོང་/ བཞིན་/ ཡོད་/ པ་/ དང་/ །，དུར་བཙ྄ོན་ ཆེན་པོ 修正为 དུར་བཙ྄ོན་/ ཆེན་པོ་，N+A 的结构，一般切分开。

测试句 35. མ྄ེད་གི་/ ནི་/ སྣ྄ོབས་/ ཆེ་/ ལ་/ རྒྱ྄ལ་ཆེ་བ་/ དང་/ །，རྒྱ྄ལ་ཆེ་བ 修正为 རྒྱ྄ལ་/ ཆེ་/ བ，སྣ྄ོབས་ཆེ་ལ྄ རྒྱ྄ལ་ཆེ་བ 形成并列结构。

测试句 43. དེ་ནས་བཟུང་/ ཁོ་ནི་/ ན་/ གྲ྄ོ་/ མ྄ཁ྄ན་/ གཅིག་/ ཀྱང་/ མ་/ བྱུང་/ བ་ནི་/ ཁར་/ །，ཁར 修正为 ཁ/ར，ཁར 此处为副词短语，ཁ 为名词，ར 为表示时间的格标记。

测试句 71. སྐུ་/ ནི་/ ཀྱི་/ ལ་/ རྒྱགས་/ ཡོང་/ ཚོར་/ དགའ་ཚོར་/ ཆེན་པོ་/ ནི་/ དང་/ ནས་/ མཚ྄ོངས་རྒྱ྄/ རྒྱ྄ལ་/ གིན་/ རྒྱ྄ག་/ གིན་/ དུ་ " / ང་/ཚོ་ ནི་/ གྲ྄ོགས་པ྄ོ/ སྙ྄ེང་པ྄/ སྐ྄ར་ཡ྄ང་/ ཡ྄ོག་/ བྱུང་/ " / ཞེས་/ སྐ྄ར་/ བཀ྄ུན་/ །，སྐ྄ུན྄྄ི་ཉ྄ི 修正为 སྐ྄/ ནི་/ ཉི，组合意义基本等于整体意义。ང྄/ཚ྄ 修正为 ང྄ཚ྄/，所有的代词带 ཚ྄ 都合并处理。

测试句 110. རང་ཉིད་/ ཀྱིས་/ ཚ྄ར་ལ྄྄྄ུ་བྱ྄ེད་/ པ་/ །，ཚ྄ར་ལ྄྄ུ་བྱ྄ེད 修正为 ཚ྄ར་ལ྄྄ུ/ བྱ྄ེད，所有的三音结构的动词后缀都切分开。

测试句 118. ཚ྄ང་/ བཙ྄ན྄ས྄/ ནི་/ གནས྄/ བཟང་པ྄ོ/ ཞིག་/ འདིས྄/ དག྄ོས྄/ །，ཚ྄ང་/ བཙ྄ན྄ས྄ 修正为 ཚ྄ང་བཙ྄ན྄ས྄，v/vp+ས྄，表示什么处，做合并处理。

测试句 123. ཨ་མ་/ ལ་/ རྟ྄ོགས྄་ཤིག྄་བྱ྄ས་/ ན྄/ ཡ྄ོང་/ བ་/ འདུག྄/ གས྄/ " / ཞེས྄/ དྲ྄ིས྄/ །，རྟ྄ོགས྄ ཤིག྄་བྱ྄ས 修正为 རྟ྄ོགས྄/ཤིག྄/བྱ྄ས。

上面列举了一些处理方案和理由，总体原则遵循附录中的分词原则。

第 10 章

藏语分词、词性标注一体化研究

10.1　分词和词性标注一体化概述

　　分词和词性标注是语言信息处理的最基本的研究任务，是实现句法语义分析的前提。在藏语语言信息处理研究中，分词和词性标注通常采用分步独立进行。史晓东等人最早把分词和标注结合起来进行一体化研究，但是，由于作者把汉语分词和标注的模型直接移植到藏语，最终获得的效果并不很好[45]。分词和标注分步进行，虽然较容易实践，但却不可避免地割裂了本来存在密切关系的两个阶段，很容易形成错误的累积[71]。即使是最好的藏语分词系统也难免产生一定的错误，在语料规模庞大的情况下，如果把分词结果全部人工校对，且不说工作量大，难以实现，即使人工校对也会存在一些错漏，这些错误延续到词性标注阶段，毫无疑问会造成词性标注的错误。

　　分词单位的划分和分词单位的性质之间本来有着密切的关联，在汉语分词研究中，最难处理的切分歧义问题可以利用句法知识得以消除 90% 以上[72]，如果在分词阶段就能够利用上词性标注阶段的上下文特征，那么就能把一部分分词歧义导致的错误纠正过来。由此，如果能将分词过程和词性标注过程有机地结合到一起，充分利用两者之间的相关信息，将有利于消解分词阶段的歧义切分问题，提高词性标注的准确率，从整体上提高藏语词法分析的性能。构建高性能的分词标注一体化系统的关键是尽可能多地考虑分词和词性标注过程之间的各种依赖关系，特别是充分利用当前标注位置和已经完成词法成分标注的位置之间的依赖关系。

在汉语分词标注一体化研究方面，国内外学者已经进行了不少值得借鉴的研究。早在 1996 年，白栓虎就提出通过分词和标注一体化来利用词性标注的资源，消除切分歧义[72]。2001 年，高山等提出了基于三元统计模型的汉语分词及标注一体化方法，实现了分词和 78 类二级词性标注的整体最优[73]。2004 年，Hwee Tou Ng 通过实验证明了将分词和词性标注有机地统一在一个架构中，可以大幅提升中文词法分析的性能[74]。同年，刘群等提出基于层叠隐马尔科夫模型的方法，用隐变量之间的转移概率来模拟分词和词性标注两阶段之间的相互依赖关系，在一体化系统中取得了非常好的成绩[71]。2007 年，佟晓筠等应用 N-最短路径法，构造了一种中文自动分词和词性自动标注一体化处理的模型，并声称在开放测试中达到了 98.1%的分词准确率和 95.07%的词性标注准确率[75]。2008 年，Jiang Wen-bin 等以有向边的方式来体现分词和词性标注之间的依赖关系，进而提出了一种采用级联方式的分词标注一体化系统[76]。2009 年，褚颖娜等提出一种概率全切分标注模型，在利用全切分获得所有可能分词结果的过程中，计算出每种词串的联合概率，同时利用马尔科夫模型计算出每种词串所有可能标记序列的概率，由此得到最可能的处理结果[77]。2010 年，石民等采用条件随机场模型在先秦文献上进行分词标注一体化研究，一体化词性标注的 F 值达到了 89.65%[78]。同年，朱聪慧等以无向图模型为基础，将分词和词性标注有机地统一在一个序列标注模型中，并在 1998 年人民日报语料上取得了同类系统中最好的实验结果[79]。

从这些研究可以发现，将分词和词性标注这两个过程有机地结合到一个模型当中，对分词的效果有一定的提升作用，藏语分词和词性标注一体也应该是藏语词法分析研究的一种趋势。

10.2　藏语词性标注的现状和问题

　　词性标注研究指为给定句子中的每个词确定一个合适的词性的过程。词性标注研究是自然语言处理基础研究内容之一，在语音识别、信息检索等很多领域发挥着重要的作用。

　　藏文词性标注研究已经取得了一些成果，文献[26]采用隐马尔科夫模型，实现分词和词性标注一体化，最终词性标注的 F 值达到79.494%；文献[80]采用了融合语言特征的最大熵词性标注模型，标注准确率达到 90.94%；文献[81]提出了利用感知机训练模型的判别式词性标注方法，经测试，准确率达 98.26%；文献[82]采用了最大熵和条件随机场相结合的标注方法，最终在开放测试中，标注准确率达到 89.12%。这些研究无疑对藏文文本词性自动标注作出了重要的贡献，但是同样也存在较多的问题：一是各家的词性标注规范不一致，二是词性标注的训练、测试语料不一致，三是都没有公开各自的标注系统，因此难以对各家的系统进行客观评价。这些研究都采用了统计模型进行词性标注，但可供统计训练的藏文标注文本数量不多，过多的未登录词也影响了标注准确率的提高。

　　本书主要关注分词研究，并不对词性标注作过多的阐述，但是为了比较一体化研究中的分词效果，也简要阐述一些标注的问题。

10.3　藏语分词、词性标注一体化研究

10.3.1　基于词级的分词标注一体化研究

　　（1）独立分词模型

　　第 7 章和第 8 章分别介绍了最大熵和条件随机场独立模型分词情况，这里把最大熵分词最好结果和条件随机场分词最好结果引述如表 64 所示。

表 64　独立分词结果

	测试语料句子	切分词数	实际词数	准确率（%）	召回率(%)	F值
最大熵六字位分词	3982	48141	47743	0.9331	0.9254	0.9292
CRF 六字位分词	3982	48097	47782	0.9434	0.9496	0.9465

　　从表 64 可以看出，都采用六字位的方法，CRF 模型的分词效果要比最大熵分词效果好。各项测试指标分别提高了 0.0103，0.3242 和 0.0173。

　　（2）分词、标注一体化研究

　　分词标注一体化是在分词的同时进行词性标注。本次实验选择了 CRF 模型，根据 CRF 对训练语料的格式要求，理论上任何对提高分词的语言特征都可以作为一列加入到训练中去，如：

音节	音节标签	词性标签	分词标注一体化标签
ནམ་	B	ng	B_ng
མཁའ་	E	ng	E_ng
སྟུ་	S	a	S_a
ཞིང་	S	c	S_c
དངས་	S	a	S_a
པ་	S	h	S_h
ལ་	S	c	S_c

　　ནམ་མཁའ་ 这个词的分词标签为 B(词始)、E（词尾），词性标注标签为 ng（天空），组合后标注标签为 ནམ/B_ng མཁའ/E_ng。句子 སྟུ་རྒྱུང་ཁྱེ་ ཀྱི་དངང་ནང་ཚིགས་ལས་གྲུབ་ཀྱི་སྒྲོ་གསོ་ལག་ལེན་ བྱེད་ཐུབ་རྒྱལ་མོའ་ 的标注结果为：སྟུ/B_ns རྒྱུ/E_ns རྒྱུང/B_ng རྒྱུ/M_ng ཁྱེ/E_ng ཀྱི/S_kg དངང/S_ni ནང/S_kg ཚིགས/B_ng ལས/E_ng གྲུབ/B_ng ཀྱི/E_ng སྒྲོ/I_kg གསོ/B_ng ལག/E_ng ལེན/B_ng བྱེད/E_ng ཐུབ/B_ng རྒྱལ/E_ng མོ/B_ng འ/E_ng ར/B_ng ་/E_ng。然后进行合并得到最终的分词

和词性标注结果，如 ཞུས་/ns ཀྲུང་ཁྱིར་/ng ཡི་/kg དང་/ni གི་/kg མང་ཚོགས་/ng ལས་ཁུངས་/ng ཀྱི་/kg ཀློག་གསོ་/ng ལས་ཡིན་/ng ཐེབ་སྐྱ/ng སྦྱིན་བདག/ng ཡིན/ng ཡིན་/ng。

在分词标注一体化模型训练中，由于分词和标注组合标签比较多，训练的时间比较长，表 65 列示了本实验的测试结果。

表 65　标注分词一体化分词结果

	测试语料句子	准确率（%）	召回率（%）	F值
CRF 四字位标注与分词一体化	3982	0.9488	0.9476	0.9482

正如我们所料，分词标注一体化模型的分词结果，整体效果比采用独立分词模型的效果有了一些提高，准确率和 F 值分别提高了 0.005%、0.0017，但是召回率下降了 0.002。

这说明，在分词和标注一体化时，分词和标注之间相互影响，相辅相成，既可以避免一部分分词的错误，也可以避免部分标注错误，分词和标注实现了两者之间的优化组合。

10.3.2　基于字的分词标注一体化研究

1. 藏语字的定义

藏语的"字"有不同的含义，最常见的说法是把藏语的字母当作一个"字"，在通行的语法教材中，描写藏语音节构成时，有这样的描述：一个最长藏语音节由前加字 སྔོན་འཇུག "sngon vjug"、上加字 མགོ་ཅན "mgo can"、下加字 འདོགས་ཅན "vdogs can"、基字 མིང་གཞི "ming gzhi"、后加字 རྗེས་འཇུག "rjes vjug"、再后加字 ཡང་འཇུག "yang vjug"构成，如 བསྒྲིགས（bsgrigs）。"字"的另一种含义是指音节（Syllable），即一个字就是一个音节，音节字之间用分音点间隔，如 མིང་གཞི "ming gzhi"（基字）是两个字，ཀྲུང་གོ་ཚན་རིག་ཁང "krung ko tshan rig khang"（中国科学院）是五个字。但实际上，一个合法的音节也可能是两个字构成，这种现象就是所说的藏语中的黏写形式，如 ངས"ngas"（我+格/吗）、ཚོར"tshor"（复数标记+格/感受），它们既可能是一个音节，也可能是两个音节，如句子 ངས་ཁོང་ཚོར་དཔེ་ཆ་གསུམ་སྟེར་པ་ཡིན"ngas khong tshor dpe cha gsum ster pa yin"（我给他们三本书）中加黑斜体音节实际上是两个音节黏连而成。上述这些"字"的含义与本书所指的字不完全一致，本书所指的字是"非黏写的音节字"，后文谈的对字性的标注就是对一个非黏写的音节字进行性质标注。

2. 藏语字性分类

字性是指字的语法属性，与词的词性类似。字是构词的单位，一个复合词通常由两个或两个以上的字构成。汉语中把构成合成词的字称之为词素或者语素，词素可以分成名词性词素、动词性词素、形容词性词素等。藏语字的性质同样可以分成名词性藏字，动词性藏字、形容词性藏字等。要标注藏字的语法属性，首先需要对它们进行分类，经过标注实践，我们对藏字进行了如下分类。

名词性藏字（n），指表示事物和概念的藏字，如：བོད"bod"（藏地），སྐད"skad"（话），在 བོད་སྐད"bod skad"（藏话）中这两个字都是名词性的。རི"ri"（山），ཐང"thang"（平原），在 རི་ཐང"ri thang"（高山和平原）中两个字都是名词性的。

动词性藏字（v），指表示动作和行为的藏字，如：ཐོན"thon"（产），སྐྱེད"skyed"（生），在 ཐོན་སྐྱེད"thon skyed"（生产）中这两个字都是动词性的，སློབ"slob"（学）和 སྦྱོང"sbyong"（练习），在 སློབ་སྦྱོང（slob sbyong）（学习）中这两个字都是动词性的。

形容词性藏字（a），通常表示外形、颜色、性质、状貌等的藏字，如 གསར"gsar"（新）、དཀར"dkar"（白）、ཆུང"chung"（小），མཛེས"mdzes"（美）等。

数词性藏字（m），指表示事物数量和顺序的藏字，如 གཅིག"gcig"（一）、གསུམ"gsum"（三）、སྟོང"stong"（千）、ཁྲི"khri"（万）等。

连词性藏字（c），指联接词或短语、句子的藏字，如 དང"dang"（和）、ལ"la"（又）、དེ"de"（那）、སྟེ"ste"（那）等。

副词性藏字（d），指修饰形容词或者否定（dn）动词的藏字，如：ठ"ma"（不）、ठ"mi"（不）、ੴ"je"（越）、ੴੴ"shos"（最）等。

代词性藏字（r），表示指代人称（rh）、指示（rd）、疑问（rw）的藏字，如 ੴੴ"vdi"（这）、ੴ"de"（那）、ੴ"ste"等。

量词性藏字（q），指度量事物的数量和动词次数的藏字，通常由名词演化而来，数量有限。如 ੴੴੴ"thengs"（次）、ठ"cha"（双）、ੴ"khyu"（群）等。

前缀、后缀藏字（f），指没有词汇意义，只有语法意义的缀字，如 ੴ"pa"、ੴ"po"、ੴੴ"mo"、ੴੴ"bo"等。根据缀字依附的藏字的不同性质，可以分为 nf（名词性藏字的缀）、vf（动词性藏字的缀）、af（形容词性藏字的缀）等。如果是前缀，则分别为 fs、fv、fa、frd、frh 等，但实际上藏语中的前缀非常少。

音译藏字，指从外族语言直接音译的藏字，如"北京"音译为 ੴੴੴ"be cin"，有两个音译藏字"ੴ、ੴੴ"，"美国"音译为 ੴੴੴੴ"a me ri kha"有四个音译藏字"ੴ、ੴ、ੴ、ੴ"。

难以确认的藏字（w），没有实在意义或者意义难以确定的藏字，如 ੴੴ"lta bu"整体词汇意义与藏字之间的关系难以断定❶。

除了上述的藏字之外，还有一部分表示语义、句法关系的格标记和助词，如表 66 所示。

表 66　表示语法意义的藏字分类及标注标记表

名称	藏文（部分）	标注标记	名称	藏文（部分）	标注标记
属格	ੴ·ੴ·ੴ·ੴ·ੴ	kg	比拟助词	ੴੴੴ·ੴੴ	ua
施格	ੴ·ੴੴ·ੴੴ·ੴੴ·ੴੴ	ka	停顿助词	ੴ·	up
工具格	ੴ·ੴੴ·ੴੴ·ੴੴ·ੴੴ	ki	枚举助词	ੴੴੴ	ue

---

❶　在确定本类藏字时，需要考虑词的整体意义和字的意义之间的关系。

续表

名称	藏文（部分）	标注标记	名称	藏文（部分）	标注标记
位格	ལ་/ར་/རུ་/སུ་/དུ་/ཏུ་/ན་	kl	方式助词	གིས་/ར་	uf
与格	ལ་/ར་/རུ་/སུ་/དུ་/ཏུ་	kd	结果助词	རུ	ur
从格	ནས་/ལས་	kc	目的助词	ལ་/ར་/རུ་/སུ་/དུ་/ཏུ	um
比较格	ལས་/བས	kb	敬语	ལགས	z
领有格	ལ་/ར	kp	复数	ཚོ་/རྣམས	pl
向格	ལ་/ར་/རུ་/སུ་/དུ་/ཏུ་/ན་	kx	名词化	པ་/བ་/རྒྱུ	h
伴随格	དང་	ks	体貌	བཞིན་/ གིན་	t

3. *藏语字性标注原则*

藏语的字性如词性一样，一部分藏字具有两个或两个以上的字性，形成同形多性的原因主要有三个方面：一，部分藏字本身具有双重字性，如：ལ་“la”（山）可以是名词性的，也可以作为格标记的一种；ཆས“chas”表示“出发”时是动词性藏字，作为“料”是名词性藏字。二，藏字在构词时，由省略形成同形多性现象。这种现象又可以分成两类，一类是带词缀的附加合成词，在参与构造新词时，通常只使用表示词汇意义的藏字，省略后缀和前缀，如：སེར་“ser”可以与后缀 པོ“po”构成 སེར་པོ“ser po”（黄色），与后缀 ཀ“ka”构成 སེར་ཀ“ser ka”（裂缝），与后缀 བ་“ba”构成 སེར་བ“ser ba”（冰雹）。但是在构造新的合成词时省略后缀 པོ“po”、ཀ“ka”、བ“ba”。因此，在分析合成词中的藏字性质时就需要考虑它的具体来源。只有这样才能正确地确认藏字的字性。如在 སེར་སྐྱོན“ser skyon”（雹灾）中 སེར་ 来源于 སེར་བ“ser ba”（冰雹），它是名词性的；在 སེར་མདོག་“ser mdog”（黄色）中它来源于 སེར་པོ“ser po”（黄色），是形容词性的；在 སེར་གས“ser gas”（裂缝）中它来源于 སེར་ཀ“ser ka”（裂缝），是名词性的。第二，一些合成词在参与构词时，可以用合成词中的某一个藏字代表原合成词的意义，参与构造新词，如 རྒྱལ་ཁབ "rgyal khab"（国家）作为一个整体意义去构词时，固定使用藏字 རྒྱལ "rgyal"，而不用 ཁབ "khab"，构造的新词如 ཕྱི་རྒྱལ "phyi rgyal"（外国）。རྒྱལ་གཉེར "rgyal gnyer"（国营），རྒྱལ་དར "rgyal dar"（国旗），རྒྱལ་ས "rgyal sa"（国度）等。从原合成词中取哪个藏字，在不同的新词中也有不同的要求。张济川先生总结了几种模式[83]：（1）固定取其中某个音节，（2）在不同词中取不同的音节，（3）把原来后一音节开头的辅音并入前一音节作韵尾，（4）把原来后一音节的韵尾并入前一音节作韵尾，（5）前一音节声母和后一音节韵母结合，（6）其他类型。

由此可见，藏语字性标注过程实际上是对同形多性进行歧义消解的过程，每一个藏字需要放置于合成词中或者放置于比词高一级的短语或句子中，才能够得以正确标注。根据这些特点，本书作者在藏字标注时遵循了以下几个原则。

（1）考虑合成词中藏字的来源，这个原则前文已经做过交代。

（2）标注藏字时要考虑藏字构成的合成词的整体意义，以及藏字的字性和合成词的词性，如 ལྟ་བུ "lta bu"（似乎，好像），不能简单地确定为动词性藏字和名词性藏字。

（3）遵循上下文原则，藏字的标注不是对孤立的藏字或者独立合成词中的藏字进行标注，而是把藏字置于文本的句子中考虑。尤其是单独成词的或者具有某种语法意义的藏字，在确认性质的时候要结合上下文语境。例如在确定格标记时，不但要考虑格标记相关的名词性结构，还要考虑动词的语义特性。

4. 基于字的标注分词一体化

基于字的标注分词一体化是在字标注的同时得到词的边界。例如：子串 ནས་མཁའ་ཐོ་ཞིང་དངས་པ་ན། 基于字的标注与分词一体化结果为【ནས/n མཁའ/n 】【ཐོ/a】【ཞིང/c】【དངས/a པ/af 】【ལ/c 】【ཡ/xp 】。模型训练时采用了多标签组合形式，如 ནས/B_n མཁའ/E_n。基于字标注的分词结果如表 67 所示。

表 67　基于字标注分词一体化测试结果

	测试语料句子	准确率(%)	召回率(%)	F 值
四字位字标注与分词一体化	3982	0.9456	0.9514	0.9485

从表 67 可以看出基于字标注的分词一体化中，分词效果与词性标注和分词一体化结果十分接近，准确率、召回率和 F 值分别为 0.9456、0.9514 和 0.9485。召回率和 F 值比标注分词一体化模型提高了 0.0038 和 0.0003。但准确率降低了 0.0032。这说明不管是字的性质还是词的性质对词的切分都有一定的作用。

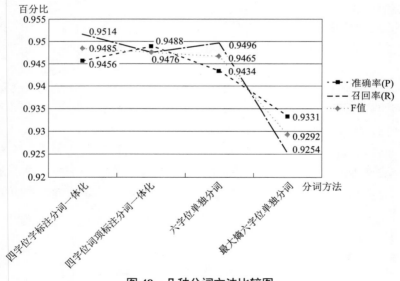

图 48　几种分词方法比较图

图48 展示了几种不同策略的分词结果。说明采用 CRF 模型要比采用 ME 要好，采用一体化模型比采用单独分词模型要好。

附录 1

信息处理用现代藏语
分词规范（草案）❶

1.1　范围

本规范规定了现代藏语的分词原则，以满足信息处理的需要。它对藏语信息处理的规范化及各种藏语信息处理系统之间的兼容性有重要的作用。

本规范适用于藏语信息处理各领域，其他行业和有关学科可以参考使用。

1.2　规范性引用文件

《信息处理用现代汉语分词规范》（GB/T 13715—1992）

1.3　术语和定义

1.3.1　词

最小的能独立运用的语言单位。

---

❶　本方案发表在中国语言生活绿皮书（2015）《藏文拉丁字母转写方案（草案）、信息处理用现代藏语分词规范（草案）、信息处理用现代藏语词类标记集规范（草稿）》中，龙从军参与本方案的起草。本书研究中的词类标记集基本采用该方案，但有个别地方做了修改。

1.3.2　词组

由两个或两个以上的词，按一定的语法规则组成，表达一定意义的语言单位。

1.3.3　分词单位

藏语信息处理使用的、具有确定的语义或语法功能的基本单位。它包括本规范的规则限定的词和词组。

1.3.4　藏语分词

从信息处理需要出发，按照特定的规范，对藏语按分词单位进行划分。

1.4　总则

本规范以信息处理应用为目的，根据现代藏语的特点及规律，规定现代藏语的分词原则。

1.5　具体说明

1.5.1　概述

1.5.1.1　空格、结尾符号以及标点符号是计算机中分词单位的分隔标记。藏语的分隔标记有空格、标点符号和篇章符号。

1.5.1.2　表达单一概念或动作的二字或三字词为分词单位。例如：

དར་དམར་（红旗）、འཕེལ་རྒྱས（发展）、ཀང་འཁོར（自行车）

1.5.1.3　四字成语为分词单位，例如：

རང་ཁ་རང་གསོ་（自食其力）、ཁ་ཡོད་ལག་ཡོད་（说到做到）、རྟ་དཀར་མེས་དཀར་（全

心全意）、ཡིན་མིན་ཆེན་པོ་（大是大非）

1.5.1.4　谚语、格言等，一般应切分。例如：

ཆེ་འབངས་པ་/གཉིད་ཁུག/ཀྱང་/ཞི་ཚོགས་པ་/གཉིད་/ཤི་/ཁུག（饱汉睡得着，饿汉睡不着）

1.5.1.5　由词组紧缩构成的略语为分词单位。例如：

ཚན་རིག་ལག་རྩལ（科学技术）缩略为：ཚན་རྩལ（科技）、བོད་རང་སྐྱོང་ལྗོངས（西藏自治区）缩略为：བོད་ལྗོངས（西藏）

1.5.1.6　在现代文本中出现的非藏文符号，例如其他语言的字符串、数学符号、化学符号、阿拉伯数字等整体作为分词单位。例如：

CAD　　CO　:　=　、　cm　12473.13

1.5.1.7　现代藏语中从其他语言音译的外来词为分词单位。例如：

རུ་པི（卢布）、ཨ་གེན་ཐིན（阿根廷）

1.5.1.8　同形异构现象，参照具体语言环境和语法功能进行切分。例如：

ཚོན་ཁྲིད་ 为名词时作为整体，但 ཚོན་ཁྲིད་ 为动宾短语时应切分为 ཚོན་/ཁྲིད。

1.5.1.9　藻饰词是专有名词的一类，作为分词单位。例如：

མཁའི་སྐྱོང་པོ་（云-藻饰语）、གོས་སྟོན་ཅན（天空-藻饰语）

1.5.2　词类说明

1.5.2.1　名词

1.5.2.1.1　表示人或事物概念的名词为分词单位，例如：

མེ་འཁོར（火车）、སྣུམ་ཤ（牛肉）、ཐབ་གས་ཁབ（炉子）、རྒྱང་སྐར（卫星）、ཁྲིམས་དཔོན（法官）

1.5.2.1.2　成语或惯用语为分词单位。例如：

དབྱར་རྩ་དགུན་འབུ（冬虫夏草）、གཡོ་སྒྱུ་ཟོལ་གསོབ（招摇撞骗）

1.5.2.1.3　由名词加形容词组成的词组，应予切分。例如：

གཏིང་/རིང་པོ（深）、ལྷ་ཁང་/ཆེ་བ（大的神殿）

形容词加名词组成的有转义的词组，不予切分。例如：

སེམས་ཆུང（虚心）、བག་གསར（新娘）

1.5.2.1.4 前加成分加名词性分词单位不予切分。例如：

ཨ་ཕ（爸爸）、ཨ་ཁུ（叔叔）

1.5.2.1.5 中加成分加名词性成分作为整体不切分。例如：

ཁྲག་མ་ནག（脓血）、གནམ་ས་ཆར（雨夹雪）、ས་མ་འཚོལ（半农半牧）

1.5.2.1.6 词根（词）加派生后缀构成的名词不予切分。派生词缀有：པ、བ、ཚ、མ、ཅ 等。例如：

ཚན་རིག་པ（科学家）、དེང་རབས་ཅན（现代化）、མཁས་པ（智者）、ཚོང་པ（商人）、སློབ་མ（学生）

带有多个派生后缀的作为整体不予切分。例如：

སྐྱལ་བ་པོ（发展者）、ཉམས་པ་པོ（作者）、བྱེད་པ་པོ（做者）

1.5.2.1.7 方位词应予单独切分，主要包括：མདུན（前）、རྒྱབ་ལོགས（后）、འཁྲིས（旁边）、གོང（上面）、འོག（下面）、ནང（里面）、ཕྱི་ལོགས（外面）。例如：

ཅོག་ཙེའི/གོག（桌子上）、འབྲི་ཆུའི/བྱང་ཕྱོད（长江以北）

1.5.2.1.8 复数标记ཚོ、རྣམས、དག 等作为分词单位。例如：

སློབ་གྲོགས/ཚོ（同学们）、གྲོགས་པོ/ཚོ（朋友们）、ལྷ་མཐུན/རྣམས་པ（同志们）

1.5.2.1.9 时间名词或词组的分词规则如下：

a. 表示月份的时间名词，月与序数词分别为分词单位。例如：

ཟླ་བ་ལྔ་པ（五月）、ཟླ་བ་དང་པོ（元月）、ཟླ་བ་གསུམ་པ（三月）

b. 表示每周的七天的时间名词整体作为分词单位。例如：

གཟའ་ཟླ་བ（星期一）、གཟའ་མིག་དམར（星期二）、གཟའ་པ་སངས（星期五）、གཟའ་ཉི་མ（星期天）

c. 表示年、月、日和时、分、秒的时间词分别为分词单位。例如：

2011/ལོ/འི/ཟླ/གསུམ་པ/འི/ཚེས/18（2011 年 3 月 18 日）

དུས་ཚོད/3/སྐར་མ/35/སྐར་ཆ/24（3 时 35 分 24 秒）

1.5.2.1.10 人名、称谓等处理如下：

a. 其他国家、其他民族的人名作为分词单位。例如：

ཀ་ལ་མར་མར་ཀེ་སེ（卡尔·马克思）、མའོ་ཙེ་ཏུང（毛泽东）

b. 职务、职称等称呼为分词单位。例如：

 དགེ་རྒན་/བཀྲ་ཤིས། （扎西老师）、ཚེ་རིང་/དྲུང་ཆེ། （次仁书记）

c. 简称、尊称等为分词单位。例如：

དོན་ཁོ། （东科）、ཚེ་སྒྲུ། （才巴）、ཚེ་རིང་/ལགས། （次仁拉）

d. 带排行的亲属称谓为分词单位。例如：

བུ་མོ་/ཆེ་བ། （大女儿）、བུ་/རྒན་པ། （长子）

1.5.2.1.11 地名中的 ཞིང་ཆེན、གྲོང་ཁྱེར、གląལ、རྫོང་、ཞང་、ཁུལ、གཙོ་བོ、རི་བོ 等应切分。但包括 ཁུལ、རྫོང་、ཞང་、ཁུལ 等只有两个字的地名则不予切分。例如：

པེ་ཅིན་/གྲོང་ཁྱེར （北京市）、རྩེ་ཁོག/རྫོང་ （泽库县）、སོག་རྫོང་ （蒙古县）、ཞི་ཨན （西安）、ལྷ་ས （拉萨）、ཉིང་ཁྲི། （林芝）、མཚོ་སྔོན （青海）

街、路、村镇名称、各大洋和各大海一律为分词单位。例如：

ལྷ་ས་ལམ （拉萨路）、ཞི་བདེ་རྒྱ་མཚོ （太平洋）

1.5.2.1.12 国家名通常作为分词单位，音译外国名作为分词单位。例如：

ཀྲུང་དུ་མི་དམངས་སྤྱི་མཐུན་རྒྱལ་ཁབ（中华人民共和国）、ཨ་མེ་རི་ཁ （美国）

1.5.2.1.13 组织、机构名，如果多余四个音节的，可以视情况切分。例如：

ཀྲུང་གོ་/ཀྲུང་ཤན་ཏང་ （中国共产党）

1.5.2.1.14 商品品牌、品种、产品系列名称一般作为分词单位。例如：

ལྷ་གཡག་རྟགས་ཅན（神牛牌）、III ཚན（III型）

ཕུ་ཨེར་ཇ （普洱茶）、ཐའི་ཚི་འཁྲུ་རྫས། （汰渍洗衣粉）

1.5.2.2 动词

1.5.2.2.1 动词的重叠形式较多，具体规定如下：

a. 单字动词重叠使用为一个分词单位。例如：

འགྲོ་འགྲོ （走走）、འགུལ་འགུལ （动一动）

b. AABB 结构的动词短语为一个分词单位。例如：

འགྲོ་འགྲོ་འདུག་འདུག （走走停停）、ཟ་ཟ་འཐུང་འཐུང （吃吃喝喝）

199

c. AAB 结构的动词短语（B 通常为 བྱེད/གཏོང་ 等）作为一个分词单位。例如：

གྲོས་གྲོས་བྱེད་（谈论）、བུར་བུར་བྱེད་（咀嚼）、གུག་གུག་བྱེད་（弄弯）、སྐྱོམ་སྐྱོམ་བྱེད་（摇晃，搅动）

d. ABAB 结构的动词短语需要切分，例如：

ལྟ་གིན/ལྟ་གིན།（看着看着）、མཆོད་གྱིད/མཆོད་གྱིད（吃着吃着）

e. Aཞིང་/ཞིང་/ལA 重叠形式的动词词组应予切分。例如：

སེམས/ཞིང་/སེམས（想啊想）、འཁོར་/ཞིང་/འཁོར（转啊转）

1.5.2.2.2 直接否定动词的否定副词作为分词单位。例如：

མ/ཐྲིག（不写）、མི/ཐུབ（不能）

1.5.2.2.3 双音名词+动词后缀构成的三音动词作为一个分词单位，如果中间插入其他成分，则需要切分。例如：

ངལ་གསོ་རྒྱག(休息)、ངལ་གསོ/ཡག་པོ/ཞིག/རྒྱག（好好休息一下）

1.5.2.2.4 A+N 结构通常不切分，D+V 结构通常切分。例如：

རྫུན་གཏམ（假话）、བསྐྱར/འདད（重说）

1.5.2.2.5 动词与趋向动词结合的词组需要切分。例如：

བསྐུར་/འོང་（送来）、ཁྱེར་/ཕྱིན（带走）、ཁྱེར་/འོང་（带来）

1.5.2.2.6 动词 ABC+ གཤམ 结构作为一个分词单位。例如：

གཅར་དུང་སྐོར་གཤམ（捆绑吊打）、ཏྲོགས་གྲང་སྐོམ་གཤམ（饥寒交迫）

1.5.2.3 形容词

1.5.2.3.1 形容词的重叠形式"AA、AABB、ABB"为分词单位。例如：

འོད་ཆེམ་ཆེམ（亮堂堂）、དཀར་ལེམ་ལེམ（白花花）

གུས་གུས་འདུད་འདུད（恭恭敬敬）、ལྗང་ལྷང་ལྷང།（绿油油）

1.5.2.3.2 其他特殊形式包括：AགཅིགBགཅིག、ABA、ABC、ABAC、ABCB、AAA、ABCA 等类型的形容词性词组作为分词单位。例如：

གསལ་ལ་མ་གསལ（若明若暗）、དྭངས་མས་མ་དྭངས（似清非清）

1.5.2.3.3 表示颜色形容词或词组作为分词单位。例如：

རྫོ་ནག（藏蓝）、དམར་ནག（红黑）

1.5.2.3.4 肯定加否定形式表示疑问的形容词词组应予切分，不完整则不切分。例如：

གསལ་/མི་/གསལ།（清不清楚）、ཡིགས་/མི་/ཡིགས།（好不好）

1.5.2.3.5　带有派生后缀的形容词作为分词单位。后缀有：བ、པ、ཚ、ཚོ、ཆོ、གུ、ཁ、ཐ 等。例如：

ཡག་པོ（好的）、དགའ་པོ（喜欢的）、ཚང་ཚོ（齐全的）、གསར་པ（新的）、གྲང་ཆོ（冷的）

1.5.2.4　代词

1.5.2.4.1　单字代词作为分词单位。例如：

ཁྱེད་/ཚོ（你们）、ང་/ཚོ（我们）、ཁོ་/ཚོ（他们）

1.5.2.4.2　名词加"ད、འདི"结构需要切分。例如：

མི་/ད（那个人）、རིགས་/ད（那类）、ཉིན་/འདི（这天）

1.5.2.4.3　疑问代词或词组为分词单位。例如：

ཅི་ལྟར（怎样）、ཇི་འད（如何）、སུ（谁）、གང（什么）

1.5.2.4.4　"名+（量）+རེ་、སོ、གानानो"等代词需要切分。例如：

མི་/རེ་རེ（每个人）、ས་ཆ/གานानो（某地）、མི་/སོསོ（各个人）

1.5.2.5　数词

1.5.2.5.1　数词为分词单位。例如：

གཅིག（一）、གཉིས（二）、གསུམ（三）、བཞི（四）、དगུ（九）

1.5.2.5.2　数位组合数词为分词单位。例如：

གཉིས་བརྒྱ（二百）、བཞི་སྟོང（四千）、ཁྲི་ལྔ（五万）、ཆིག་འབུམ（十万）、དུང་ཕྱུར་དगུ（九亿）

1.5.2.5.3　表示序数的"ཚ"和"པ/བ"与数词一起作为分词单位。例如：

དང་ཚ（第一）、གཉིས་པ（第二）、གསུམ་པ（第三）、བཞི་པ（第四）、ལྔ་པ（第五）

དྲུག་པ（第六）、བདུན་པ（第七）、བརྒྱད་པ（第八）、དགུ་པ（第九）、བཅུ་པ（第十）

1.5.2.5.4　分数与小数为分词单位。例如：

བརྒྱ་ཆ་ཡི་སུམ་ཅུ་ཐམ་པ（百分之三十）

1.5.2.5.5 个位与十位之间的助数词不需切分。例如：

བདུན་ཅུ་རྩ་གཅིག（七十一）、དགུ་ཅུ་གོ་གཉིས（九十二）

1.5.2.5.6 数字并列表示概数时，表示概数的数字为分词单位。例如：

ཚོ/བདུན་བརྒྱད（七八年）、རྒྱ་མ/ལྔ་དྲུག（五六斤）

1.5.2.5.7 数字后面的 ཕྲག、ལྷག、ཐམ་པ、ཚོ 需切分。例如：

བཅུ/ཕྲག（十多个）、སྟོང་/ལྷག（一千多）、སུམ་སྟོང/ལྷག（三千多）、བཅུ/ཐམ་པ（整十）

1.5.2.6 量词

1.5.2.6.1 名量词为分词单位。例如：

རྒྱ་མ/གང（一斤）、ཚོས/སྣུམ/གཉིས（两包染料）

1.5.2.6.2 动量词为分词单位。例如：

ཚོད་ལྟ/ཐེངས/མང/བྱེད（做多次试验）、ལན/གསུམ/འགྲོ（去三次）

1.5.2.7 副词

副词为分词单位。例如：

ཤིན་ཏུ/མང（非常多）、རབ་ཏུ/གནོང（非常猛）、ཐམས་ཅད/བཟང（全部好的）

1.5.2.8 连词

连词为分词单位。例如：

བཀྲ་ཤིས/དང/སྒྲོལ་མ་གཉིས་མིང་སྲིང་རེད（扎西和卓玛俩是兄妹。）

/གལ་ཏེ/སང་ཉིན་ཆར་པ་བབ་ཚེ་ང་ཡུལ་སྐོར་ལ་འགྲོ་མི་ཐུབ（如果明天下雨的话，我不能去旅游。）

1.5.2.9 助词

下列助词都作为分词单位，有黏写形式的需要切分。

1.5.2.9.1 比拟助词。例如：

ནང་བཞིན（如、像）、བཞིན（如、像）、ལྟ་བུ（如、像）

1.5.2.9.2 停顿助词。如：

ནི

1.5.2.9.3 枚（列）举助词。例如：

ལ་སོགས（等）、བཅས（等）、སོགས（等）、ལ་སོགས་པ（等）

1.5.2.9.4　方式助词。例如：

གསལ་པོ/ར་/ཤེས/（清楚地知道）

1.5.2.9.5　结果助词。例如：

ཆེ/རུ/འགྲོ（变大）

1.5.2.9.6　目的助词。例如：

ཉོ/རུ/འོང（来买）

1.5.2.10　格标记

下列格标记作为分词单位，黏写形式需切分。

1.5.2.10.1　属格 གི、གྱི、ཀྱི、འི、ཡི 作为分词单位。例如：

བདག/གི/དཔེ་ཆ（我的书）ཁོ/འི/དངོས་པོ（他的物品）

1.5.2.10.2　施格、工具格 གིས、གྱིས、ཀྱིས、འིས、ཡིས 作为分词单位。例如：

ལྕགས་ཁྱེམ/གྱིས/ས་ཀོས（用铁铲挖地）

1.5.2.10.3　位格、与格 སུ、ཏུ、ར、ལ、དུ、ན、ན 作为分词单位。例如：

ཁོ་ཚོས་སློབ་ཁང་ད་ལ་འདུག（他们在教室里。）ཞིང་ལ/རུ/མེ་ཏོག་བཞད（田里花开。）

1.5.2.10.4　从格 ནས 作为分词单位。例如：

འོ་མ/ལས/མར་བྱུང（酥油从牛奶中来）、ནམ་མཁའ/ནས/ཆར་འབབ（雨从天上来）

1.5.2.10.5　比较格 ལས 作为分词单位。例如：

ངའི་རྩོམ་ཡིག/ལས/ཁྱུང་བ་ཡོད（我的作文比她的短。）

1.5.2.10.6　向格：སུ、ཏུ、ར、ལ、དུ、ཏུ 作为分词单位。例如：

ང་ལོ་ལྟར་ཕ་གི/ར/ཐེངས་གཉིས་འགྲོ་གི་ཡོད（我每年去那儿两次。）

1.5.2.10.7　伴随格 དང 作为分词单位。例如：

ཁྱེད་/དང་/སུ་མཉམ་དུ་ཕྱིན་པས（你和谁一起去的?）

1.5.2.10.8　领有格 ར、ལ 作为分词单位。例如：

ང་/ལ/ས་ཁྲ་ཡོད（我有地图。）

1.5.2.11　时体标记❶

体标记作为分词单位，包括 ཀ་རེད、གི་ཡོད、པ་ཡིན、སོང、བྱུང 等。例如：

---

❶ 在本书分词研究中，我们没有采用这条规范，把 ཀ、པ 等作为名词化标记，ཀ་རེད、གི་ཡོད、པ་ཡིན 等切分为 ཀ་རེད、གི་ཡོད、པ་ཡིན。

203

ཡར་བཀྱག/གི་ཡོང/（往上抬）、ཚོག་ཡོང/གི་རེད/（回来）

1.5.2.12 物化标记

名物化标记作为分词单位，包括 པ་、མཁན་、ཡས་、སྟངས་、དུས་、ཐབས་、ཚུལ་、ཚུལ་、ཅན་ 等。例如：

གསེར་ཆུ/བྱུགས་པ/ནང་བཞིན（如金汁涂抹过一样）

1.5.2.13 语气词

各种语气词为分词单位。例如：

ཕོག་བུ་/ཐོང་/ས་ནི་/ཕྱས་རྩལ་ཐང་/ཆེན/ཡིན་/པ་/ལྟ་བུ/ཞི་‖（放风筝的地方就像一个大体育场。）

མགྱོགས་ཚམ་ཀྱིས/དང་/（快点做吧！）

ཁྱེད་རང་དགེ་རྒན་རེད/པས/（你是老师吗？）

1.5.2.14 叹词

叹词为分词单位。例如：

/ཀྱི་མ//མཛེས་པ་ལ་ཨང/（啊！真美丽啊！）

/ཀྱི་ཧུ//མི་རིགས་ཀྱི་དཔའ་ར（哎呀，民族的英雄）

1.5.2.15 声词

拟声词为分词单位。例如：

རླུང་དམར་/ཤུ་ཤུ་/དུ་ལྡང（风呼呼地）

འབྲུག་སྐ/ཧི་རི་ར/（雷声隆隆）

བྱ་ཕྲུག་ཉམས་ཀྱིས/ཅ་ཅ/སྐྲག（鸟雀们叽叽喳喳地叫着。）

1.6 参考文献

[1] 扎西加,珠杰.面向信息处理的藏文分词规范研究.中文信息学报，2009(04):113-117+123.

[2] 才智杰. 藏文自动分词系统中紧缩词的识别. 中文信息学报，2009(01):35-37+43.

[3] 关白. 浅析藏文分词中的几个概念. 西藏大学学报(自然科学版)，2009(01):65-69.

[4] 李亚超. 基于条件随机场的藏文分词与命名实体识别研究. 西北民族大学，硕士论文，2013.

[5] 刘汇丹，诺明花，赵维纳，吴健，贺也平. 一个实用的藏文分词系统. 中文信息学报，2012(01):97-103.

[6] 关白. 信息处理用藏文分词单位研究. 中文信息学报，2010(03):124-128.

[7] 才智杰. 班智达藏文自动分词系统的设计与实现. 青海师范大学民族师范学院学报，2010(02):75-77.

附录 2

信息处理用现代藏语词类
标记集规范（草案）❶

2.1　前言

　　用于现代藏语信息处理系统中的藏语词类标记集有很多种设计方案。经过研究，人们对现代藏语词类问题有了更多的共识，但藏语信息处理学界所使用的词类标记集并不统一，在分类依据、词类数目、术语使用方面仍有分歧。现在越来越需要有一套面向信息处理、统一的现代藏语词类标记集，以减少数据转换的麻烦。本规范正是为了满足这种需要而设计的。本规范吸收了语言学家的研究成果，并兼顾各家的分类体系，是一套从信息处理的实际要求出发的现代藏语词类标记集规范，提供了现代藏语书面语词类标记集的符号体系，可以供藏文信息处理系统参考使用。

2.2　范围

本规范规定了信息处理中现代藏语词类及其他切分单位的标记代码。

本规范适用于藏语语料库的加工和藏语句法自动分析等藏语信息处理领域，并具有开放性和灵活性，能适用于不同的信息处理系统。

2.3　规范性引用文件

《信息处理用现代汉语词类标记规范》（GB/T 20532-2006）

2.4　术语和定义

2.4.1　藏语信息处理

用计算机对藏语形、音、义等信息进行输入、排序、存储、输出、统计、提取等。

2.4.2　词类

词的语法分类，主要是根据语法功能划分出来的类。

2.5　总则

制定本规范的主要原则：（1）语法功能是词类划分的主要依据。词的意义不作为划分词类的主要依据，但有时也起某些参考作用；（2）允许有兼类；（3）词类标记集中的大类应能覆盖现代藏语的全部词。

为满足计算机处理真实文本的需要，本规范中的符号，不仅要覆盖语言学意义上的词，还要覆盖比词小的单位（如格标记、体标记、音节字等），以及比词更大的单位（如习用语、略语等）。

2.6 具体说明

2.6.1 名词（n）

表示人和事物名称的实词。

2.6.1.1 普通名词（ng）：表示事物的名称。例如：

如 མི་དམངས་（人民）、ཤེལ་དཀར་（玻璃杯）、རླངས་འཁོར་（汽车）

2.6.1.2 人名（nh）：包括姓、名、姓名、绰号等。例如：

ཉི་སྲིད་བཙན་（德森赞）、བསྟན་པའི་ཉི་མ་（登毕尼玛）、རྡོ་རྗེ་གླིང་པ་（多杰林巴）

2.6.1.3 地名（ns）：表示地理区域名称的名词。例如：

ལྷ་ས་（拉萨）、ཟི་ལིང་（西宁）

2.6.1.4 机构名（ni）：表示团体、组织、机构名称的名词。例如：

མཉམ་འབྲེལ་རྒྱལ་ཚོགས་（联合国）、སྤྱི་ཚོགས་ཚན་རིག་ཁང་（社科院）

2.6.1.5 时间名词（nt）：表示时间、年代的名词。例如：

དེ་རིང་（今天）、སུང་རྒྱལ་རབས་（宋朝）、དཔྱིད་ཀ（春天）、གཟའ་སྤེན་པ་（星期六）

2.6.1.6 方位名词（nd）：表示方位、方向的名词。例如：

སྟེང་（上）、མདུན་（前）、རྒྱབ་（后）、གཡོན་（左）、ཤར་（东）

2.6.1.7 其他专有名词（nz）：包括书名、学科名、术语等。例如：

ཀ་ཁོལ་མ་（《柱间史》）、དངོས་ལུགས་རིག་པ་（物理学）、དབང་གཉིས་ཕན་འགྱུར་（二氧化碳）

2.6.2 数词（m）

表示事物数目和次序的词。

2.6.2.1 基数词（mc）：表示事物数量多少的数词。例如：

གཅིག（一）、གཉིས（二）、སུམ་ཅུ་ར་གསུམ་（三十三）、ལྔ་བརྒྱ་（五百）、ཁྲི་ཕྲག་

བདུན་བརྒྱ། （一千七百）

2.6.2.2　序数词（mo）：表示事物次序的数词。例如：

གཉིས་པ（第二）、གསུམ་པ（第三）、དྲུག་པ（第六）、བདུན་པ（第七）、བརྒྱད་པ（第八）、དགུ་པ（第九）、བཅུ་པ（第十）

2.6.2.3　助数词（ma）：帮助构成复合数词，包括 ཧྲ、ཚོ、ཞེ、ང、ཅོག、ཆ。**例如：**

གསུམ་ཆོག་པ་བཞི （三点四）、བརྒྱ་ཆ་ཡི་སུམ་ཅུ （百分之三十）、བདུན་ཅུ་དོན་གཅིག （七十一）、དགུ་ཅུ་གོ་གཉིས （九十二）

2.6.3　量词（q）

表示度量事物或动作单位的词。

2.6.3.1　名量词（qn）：表示度量事物单位的量词。例如：

如 ཞེ（克）、སྟོང་ཞེ（千克）、སྟོང་མེད（千米）

2.6.3.2　动量词（qv）：表示度量动作次数的量词。例如：

ཐེངས（次）、ལེན（次）

2.6.4　副词（d）

表示修饰或限制动作行为和性质状态的词。副词可以分为：

2.6.4.1　否定副词（dn）：对行为和状态否定的词。例如：

མ（不）、མི（不）

2.6.4.2　其他副词（do）：表示程度、方式、范围等的副词。例如：

ད་ཅང（很）、ད་ལམ（大约）、ཕལ་ཆེར（大概）ཕན་ཚུན（相互）

2.6.5　连词（c）

连接词、短语或句子，表示两者或以上事物或状态之间所具有的某种关系。

2.6.5.1　并列连词（cc）：表示并列关系的连词。例如：

དང（和）、ཡང་ན（或者）等。

2.6.5.2　从属连词（cs）：表示因果、递进等从属关系的连词。例如：

 མོད་......འོན་ཀྱང་（虽然......但是）、དེ་བས་（因此）、གལ་ཏེ་（如果）

2.6.6 动词（v）

表示动作、行为，心理活动、生理状态及事物的存现、变化等，可以充当句子的谓语。可以分成如下几类：

2.6.6.1 判断动词（vl）：表示关系的判断的动词。例如：

ཡིན་（是）、རེད་（是）

2.6.6.2 存在动词(ve)：表示存在、领有的动词。例如：

ཡོད་（有）、མེད་（没有）、འདུག（有）

2.6.6.3 趋向动词（vd）：表示动作移位或者停止状态的动词。例如：

འགྲོ་（去）、ཡོང་（来）、བསྡད་（停留）、བཞག（放置）

2.6.6.4 助动词（va）：表示愿望、情态等辅助动词的词。例如：

དགོས་（要）、ཐུབ་（能）、རུང་（可以）、ཆོག（可以）、ནུས་（能）

2.6.6.5 及物动词（vt）：可以带宾语的动词（包括对象和涉事宾语）。例如：

བཤད་（说）、བཅད་（砍）、རྒྱབ་སྐྱོར་བྱས་（支持）、དགའ་（喜欢）、ཟེར་（怕）

2.6.6.6 不及物动词（vi）：不能直接带宾语的动词。例如：

ལངས་（起来）、ཉལ་（睡）、ཤི་（死）、འབར་（燃烧）

2.6.7 形容词（a）

表示事物的形状、性质和状态等，主要修饰名词，也可以做谓语和补语。

2.6.7.1 性质形容词（aq）：表示事物形状、性质的形容词。例如：

ཆེ་（大）、ཆུང་（小）、རིང་པོ་（长）、ཕྱུག་པོ་（富裕）

2.6.7.2 状态形容词（as）：表示事物状态的形容词。例如：

འོད་ཆེམ་ཆེམ་（亮堂堂）、དཀར་ལེབ་ལེབ་（白花花）、སྐྱ་བེར་བེར་（灰不溜丢）

2.6.8 代词（r）

指代名词、动词、形容词、副词、数量词的词。

2.6.8.1 人称代词（rh）：指代人称的代词。例如：

ང（我）、རང（自己）、ཁོ（他）、ཁོམོ（她）

2.6.8.2 疑问代词（rw）：表示疑问的代词。例如：

སུ（谁）、གང（什么）、གཙོ（多少）、གདུས（何时）

2.6.8.3 指示代词（rd）：用来指示或标识人或事物的代词。例如：

འདི（这）、དེ（那）

2.6.8.4 不定代词（ri）：所指示的人或事物数量不确定。例如：

ཁ་ཤས（一些）、ལ་ལ（一些）、འགའ་ཤས（部分）

2.6.9 助词（u）

表示某种语法结构关系的词

2.6.9.1 比拟助词（ua）：表示比拟关系的一类助词。例如：

ནང་བཞིན（如、像）、བཞིན（如、像）、ལྟ་བུ（如、像）

2.6.9.2 停顿助词（up）：表示提示、强调主题的助词。例如：

ནི（无实意）

2.6.9.3 枚（列）举助词（ue）：表示列举的助词。例如：

ལ་སོགས（等）、བཅས（等）、སོགས（等）、ལ་སོགས་པ（等）

2.6.9.4 方式助词（uf）：表示动作方式的助词。方式助词构成的短语充当方式状语。例如：

དལ་གྱིར（慢慢地）、ཉིལ་འཁྲུབ་ཆེན་པོས（急急忙忙地）、བདེ་སྐྱིད་དང་ནས（安然地）

2.6.9.5 结果助词（ur）：表示行为、状态结果的助词。例如：

ཆེ/ར/འགྲོ（变大）、གཅིག་ཁེན་དང་མེ་ནས་དག་ཐིམ/ལ/བཅུ（看作一个纯洁的共产党人）

2.6.9.6 目的助词（um）：表示行为目的的助词。例如：

ཉོ/ད/འོང（来买）、མཇལ་ཁ་ཞུ/ར/འོངས（来拜见）

2.6.10 格标记（k）

表示词语或短语之间的语义关系的一类语法词。

2.6.10.1 属格（kg）：表示所属语义关系的标记。例如：གི་、ཀྱི་、གྱི་、ཡི་、འི་

2.6.10.2 施格（ka）：表示施事语义关系的标记。例如：གིས་、ཀྱིས་、གྱིས་、ཡིས་、འིས་

2.6.10.3 工具格（ki）：表示凭借语义关系的标记。例如：གིས་、ཀྱིས་、གྱིས་、ཡིས་、འིས་

2.6.10.4 位格（kl）：表示处所语义关系的标记。例如：སུ་、རུ་、ར་、ལ་、དུ་、ཏུ་、ན་

2.6.10.5 与格（kd）：表示对象语义关系的标记。例如：སུ་、རུ་、ར་、ལ་、དུ་、ཏུ་、ན་

2.6.10.6 从格（kc）：表示起源、来源语义关系的标记。例如：ནས་、ལས་

2.6.10.7 比较格（kb）：表示比较语义关系的标记。例如：ལས་、བས་

2.6.10.8 领有格（kn）：表示领有语义关系的标记。例如：ར་、ལ་

2.6.10.9 向格（kx）：表示方向语义关系的标记。例如：སུ་、རུ་、ར་、ལ་、དུ་、ཏུ་、ན་

2.6.10.10 伴随格（ks）：表示伴随语义关系的标记。例如：དང་

2.6.11 体标记（t）

表示动作的时间、情态、状貌等的标记。例如：

གི་རེད་、གི་ཡོད་、པ་ཡིན་、མོང་、བྱུང་

2.6.12 名物化标记（h）

表示把谓词性的词或短语转化为名词性的词或短语的标记。例如：

པ་、བ་、མཁན་、ལས་、སྟངས་、དུས་、ཐབས་、སྟོལ་、རྩལ་、ཅན་ 等。

2.6.13 复数标记（p）

表示多个事物和概念的标记。例如：

ཚོ་（们）、དག་（们）、རྣམས་（们）

2.6.14 语气词（y）

表示各种语气的词，包括陈述、疑问、祈使、感叹等语气。例如：

པས་（吗）、ཨང་（啊）

2.6.15 叹词（e）

表示惊奇、呼唤或应答的词。

ཨ（啊）、ཨེ（哎）、ཧྲེ（喂）

2.6.16 拟声词（o）

模拟自然界事物的某种声音的词。例如：

བྱུར་བྱུར་（呜呜）、གག་གག（哗哗）、དུང（隆隆）、ཙཙ（叽喳）

2.6.17 习用语（i）

包括成语、惯用语、谚语、格言等。

2.6.17.1 名词性习用语（in）：整体功能相当于名词性的短语。例如：

སྒུག་སྒྲུའི་གྲོང་ཁྱེར་（海市蜃楼）、ཁྲོན་ནང་གི་སྦལ་བ་（井底之蛙）

2.6.17.2 动词性习用语（iv）：整体功能相当于动词的短语。例如：

ལག་བསྟར་བྱེད་（实施）、བླ་ན་མེད་（至高无上）、ཚེ་ལས་འདས་（去世）

2.6.17.3 形容词性习用语（ia）

བདེ་ལྔག་འཁྱུག་པོ་（三下五除二）、ཚགས་དལ་པོ་（密麻麻）

2.6.17.4 连词性习用语（ic）

མདོར་ན་（总而言之）、གཅིག་ནས……ཅིག་ནས（一方面……一方面）

2.6.17.5 副词性习用语（id）

མིག་ཅེ་རེར་（直视地）、དུས་མཚུངས་（同时）、དེ་ཁུར་（此时）

2.6.18 略语（j）

专有名词或常用语的简略形式。例如：

དབང་ཆེན（人大）、གུང་གུང་（中共）

2.6.19　音节字（s）

没有实际意义，可以表读音的音节。例如：

ཧི་、ཧུ་、ཤ་、ཤི་

2.6.20　其他（w）

2.6.20.1　未知词（wu）：指在文本的处理过程中，无法归入上述类别的字符串，这些字符串往往要在后面的处理步骤中作进一步的加工处理。

2.6.20.2　标点符号（wp）：指藏文的标点符号。例如：

ༀ ༁ ༂ ༃

2.6.20.3　阿拉伯数字串（wd）：指藏文文本中的阿拉伯数字。例如：

སྐུ་ལེ་1956（1956 公里）、སྤྱི་ལོ1978ལོར་（在公元 1978 年）

2.6.20.4　其他符号（wo）：指藏文文本中的外文字符串、非标点符号等。例如：

GDP、ༀ、ཉ、ཇ

2.7　有关说明

　　藏文信息处理系统在使用本规范时，应注意本规范中 20 个基本词类是各个词类标注系统的基础，在这个基础上各个系统可以根据自己的体系确定大类和小类。本规范中的小类是对信息处理系统中常用小类的列举。各个系统可以根据需要选择使用这些小类，也可以增加小类。各小类之下的例词是对小类的说明，当选用的小类不同时，例词的归属关系可能会发生变化。兼类词的标注方法为把它所兼的类用"/"连接起来，如，n/v 表示名动兼类词，n/a/v 表示名动形兼类词等。

2.8 参考文献

[1] 才让加. 藏语语料库词语分类体系及标记集研究.中文信息学报，2009(04):107-112.

[2] 陈玉忠. 信息处理用现代藏语词语的分类方案.第十届全国少数民族语言文字信息处理学术研讨会，2005.

[3] 多拉. 信息处理用藏文词类及标记集规范. 第十一届全国民族语言文字信息学术研讨会论文集，2007.

[4] 扎西加，索南尖措. 基于藏语信息处理的词类体系研究. 西藏大学学报(自然科学版)，2008(01):36-41.

[5] The Brown Corpus Tag-set, http://www.comp.leeds.ac.uk/ccalas/tagsets/brown.html.

[6] The University of Pennsylvania (Penn) Treebank Tag-set, http://www.comp.leeds.ac.uk/ccalas/tagsets/upenn.html.

词类及其他切分单位标记代码表

序号	标记代码		类别名称	描　　述
	一级类	二级类		
1	n		名词	noun
2		ng	普通名词	noun-general
3		nh	人名	noun-human
4		ns	地名	noun-space
5		ni	机构名	noun-institution
6		nt	时间名词	noun-time
7		nd	方位名词	noun-direction
8		nz	其他专有名词	noun-zhuan（汉）
9	m		数词	numeral
10		mc	基数词	numeral-cardinal

序号	标记代码		类别名称	描　述
	一级类	二级类		
11		mo	序数词	numeral-ordinal
12		ma	助数词	numeral-auxiliary
13	q		量词	quantity
14		qn	名量词	quantity-noun
15		qv	动量词	quantity-verb
16	d		副词	adverb
17		dn	否定副词	adverb- negative
18		do	其他副词	adverb-other
19	c		连词	conjunction
20		cc	并列连词	conjunction-coordinating
21		cs	从属连词	conjunction-subordinating
22	v		动词	verb
23		vl	联系动词	verb-linking
24		ve	存在动词	verb-exist
25		vd	趋向动词	verb-direction
26		va	助动词	verb-auxiliary
27		vt	及物动词	verb-transitive
28		vi	不及物动词	verb-intransitive
29	a		形容词	adjective
30		aq	性质形容词	adjective-quality
31		as	状态形容词	adjective-state
32	r		代词	pronoun
33		rh	人称代词	pronoun-human
34		rw	疑问代词	pronoun-why

续表

序号	标记代码		类别名称	描　述
	一级类	二级类		
35		rd	指示代词	pronoun-direction
36		ri	不定代词	pronoun-indefinite
37	u		助词	auxiliary
38		ua	比拟助词	auxiliary-analogy
39		up	停顿助词	auxiliary-pause
40		ue	枚举助词	auxiliary-enumeration
41		uf	方式助词	auxiliary-fang（汉）
42		ur	结果助词	auxiliary-result
43		um	目的助词	auxiliary-mu（汉）
44	k		格标记	case maker
45		kg	属格	case maker-genitive
46		ka	施格	case maker-agentive
47		ki	工具格	case maker-instrumental
48		kl	位格	case maker-locative
49		kd	与格	case maker-dative
50		kc	从格	case maker-cong（汉）
51		kb	比较格	case maker-bi（汉）
52		kn	领有格	case maker-ling（汉）
53		kx	向格	case maker-xiang（汉）
54		ks	伴随格	case maker-sui（汉）
55	t		体标记	ti（汉）
56	h		名物化标记	hua（汉）
57	p		复数标记	plural
58	y		语气词	yu（汉）

序号	标记代码		类别名称	描　述
	一级类	二级类		
59	e		叹词	exclamation
60	o		拟声词	onomatopoeia
61	i		习用语	idom
62		in	名词性习用语	idom-noun
63		iv	动词性习用语	idom-verb
64		ia	形容词性习用语	idom-adjective
65		ic	连词性习用语	idom-conjunction
66		id	副词性习用语	idom- adverb
67	j		缩略语	jian（汉：简）
68	s		音节字	syllable
69	w		其他	依据通常做法
70		wu	未知词	"w"-unknown
71		wp	标点	"w"-punctuation
72		wd	阿拉伯数字串	"w"-digit
73		wo	其他未知符号	"w"-other

附录 3

多级标注语料库简介

3.1 语料加工平台

1. 打开语料加工平台，如图 49 所示。

图 49 语料加工平台

2. 点击【打开文件】按钮，打开所有加工的文件。如图 50 所示，平台右下方呈现需要进一步加工的文本。

3. 点击【建立索引】按钮，在平台左下方建立了文本的词汇索引。如图 51 所示。根据词汇索引对字和词的标注和分词边界进行调整。

图 50　导入语料

图 51　建立词汇索引

4. 单击要修改的词条，可以自动查找包含该词条的所有句子，该词条夹在●之间。双击需要修改的句子，可以实现修改。如图 52 所示。

5. 替换功能，对于多条修改的句子，使用【替换】或者【全部替换】按钮。如图 53 所示。

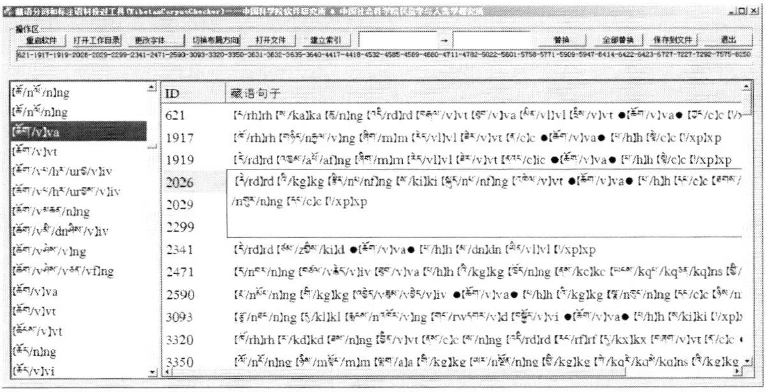

图 52　修改词条

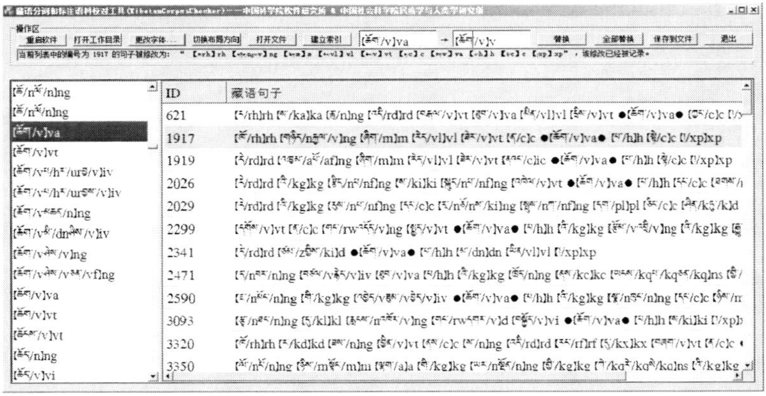

图 53　替换词条和标注

3.2　语料选择

　　藏语中一直没有一个比较权威的语料库，要建立一个比较规范的语料库，需要考虑几个方面的问题，如材料来源的可靠性，词汇语法的规范性，语料的时代性，题材平衡性，这些看似简单的问题，但实际操作中并不容易。现有的一些语料库，存在古今文献混杂，口语书面语不分，方言、通用语材料不分，民族文献和翻译文献不分，诗歌、小说、韵体文混杂等各种情况。这对后续研究造成了不少的麻烦。考虑到这些情况，本项研究，选用了中小学教材中的文本材料，剔除了古代藏文、诗歌、韵体文等部分，并对这些语料库进行了多级标注：藏字字性标注、分词边界标记、词性标注。语料格式为：【ཉན་/ནཔ/n】ng 【ཇ/a】a 【ཞེང་/c】c 【དངས/a】a 【ང/h】h 【ལ/c】c 【ྀ/xp】xp，其中"【】"是词的分界符，"/"是藏字分界符，"/"右边的标注符号是藏字字性标注，"】"右边的标注符号是词性标注。语料库共有 19939 句（按照藏文单双垂符作为分句标准，切分结果中有些不是完整意义的句子），总词数 240280，音节数 261412。

附录 4

CRF 工具包介绍

4.1 CRF 工具下载与安装

1. 从下载地址 http://taku910.github.io/crfpp/#download 下载 CRF++ 0.54 Released 工具包，保存在本地磁盘。

2. 在本地盘解压，打开文件夹，文件夹内容如图 54 所示。

图 54 打开 CRF 工具包文件夹

4.2 制作相关的文件

对于一般的使用者来说，CRF 工具包使用相对比较简单，使用者只需要配置运行工具包的相关文件即可。

1. 制作训练文本。对分词来说，只有音节和标签两个特征，因此语料有两列，列间由空格或制表位间隔，句子之间用空行间隔。如：

ནམ་ B

ཨཁའ་ E

སྨུ་ S

ཞིང་ S

དྲངས་ S

པ་ S

ལ་ S

། S

2. 准备特征模板。工具包已经自带了特征模板，一般使用者可以直接使用。打开特征模板内容如下，这方面的详细介绍可参考相关文献❶

Unigram

U00:%x[-2,0]

U01:%x[-1,0]

U02:%x[0,0]

U03:%x[1,0]

U04:%x[2,0]

U05:%x[-2,0]/%x[-1,0]/%x[0,0]

U06:%x[-1,0]/%x[0,0]/%x[1,0]

---

❶ http://blog.csdn.net/felomeng/article/details/4288492.

U07:%x[0,0]/%x[1,0]/%x[2,0]
U08:%x[-1,0]/%x[0,0]
U09:%x[0,0]/%x[1,0]

4.3　训练模型

在 DOS 命令行中直接输入命令：crf_learn template train.txt model.txt. 训练结束生成分词切分模型。

4.4　测试

本书测试采用中文分词评测脚本工具包，具体评测过程见附录 5。

附录 5

分词测试工具包使用说明

5.1　工具包下载和安装

1. 分词测试工具包采用 SIGHAN 第二届国际汉语分词评测工具包，下载地址：http://www.sighan.org/bakeoff2005/.

2. 配置环境，运行分词评测工具包需要安装 ActivePerl 和 GNU diffutils 两个工具，下载地址分别为：http://www.activeperl.com/和 http://gnuwin32.sourceforge.net/packages.html。

3. 安装 ActivePerl 和 GNU diffutils 工具。

4. 打开工具包的 scripts 文件夹，打开 Socre 文件。把第 46 行，改为 diffutils 的实际安装路径。如图 55 所示。

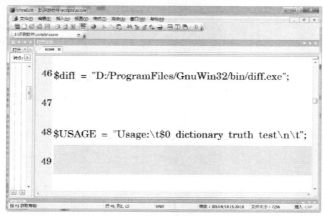

图 55　修改脚本文件

5.2　制作相关文件

1. 工具包中有许多文件，具体测试时，需要修改三个文件，即 Gold、Test 和 Training_words 文件。Gold 文件中存放分词测试所需要的标准答案，词之间用空格隔开，Test 文件中存放分词结果，Training_words 文件中存放训练语料中的词条，可以用来计算未登录词的切分效果。测试工具包包括的文件如图 56 所示。

图 56　测试工具包文件内容

5.3　测试

1. 运行批处理文件<评测>，启动评测，如图 57 所示。
2. 运行结束，生成评测结果文件 Score.txt，打开 Score.txt 文件，内容如下，其中黑体处的词是错误切分，下面分别给出了当前句子切分的准确率和召回率。

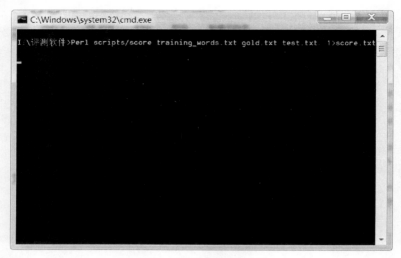

图 57 运行测试脚本文件

--gold.txt-------test.txt----67

ཤ་/	ཤ་/
འདི་/	འདི་/
ཉི་/	ཉི་/
རྣམ་/	| རྣམ་འགྱུར་/
འགྱུར་/	<
བ་/	བ་/
རེད་/	རེད་/
”/	”/
ཅེས་/	ཅེས་/
བཤད་/	བཤད་/
/་	/་

INSERTIONS:0

DELETIONS: 1

SUBSTITUTIONS:1

228

NCHANGE:　2

NTRUTH:　　11

NTEST:　10

TRUE WORDS RECALL:　　0.818

TEST WORDS PRECISION: 0.900

在文件的末尾给出了整个测试语料切分测试的总结，具体如下，详细解释可以参考相关文献。❶

=== SUMMARY:

=== TOTAL INSERTIONS:　963

=== TOTAL DELETIONS:　　956

=== TOTAL SUBSTITUTIONS:　2027

=== TOTAL NCHANGE:　　3946

=== TOTAL TRUE WORD COUNT:　47743

=== TOTAL TEST WORD COUNT:　　47750

=== TOTAL TRUE WORDS RECALL:0.938

=== TOTAL TEST WORDS PRECISION:　0.937

=== F MEASURE: 0.937

=== OOV Rate:　　1.000

=== OOV Recall Rate:　0.938

=== IV Recall Rate:　　--

| ### | test.txt | 963 | 956 | 2027 | 3946 | 47743 | 47750 |
| | | 0.938 | 0.937 | 0.937 | 1.000 | 0.938 | -- |

---

❶　http://blog.sina.com.cn/s/blog_7c50857d01014og2.html.

附录 6

fnTBL 工具包介绍

6.1 工具包下载和安装

1. 下载 TBL 工具包到本地盘，可以从不同的链接找到 fnTBL 工具包。 我 们 提 供 的 下 载 地 址 为： http://www.cs.jhu.edu/~ rflorian/fntbl/download.noform.html.

2. 打开文件所在文件夹，如图 58 所示。

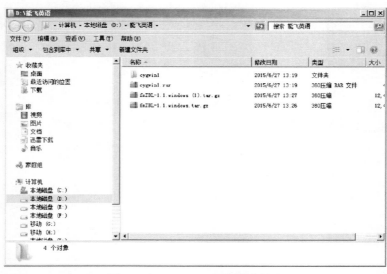

图 58　打开 fnTBL 所在的文件夹

3. 解压压缩文件，打开 fnTBL 文件夹，如图 59 所示，可以看到多个文件和文件夹。

图 59　解压 fnTBL 文件夹内容

其中 docs 中是关于 fnTBL 工具包的使用说明文件，可以根据自己的需要阅读相关的部分。如图 60 所示。

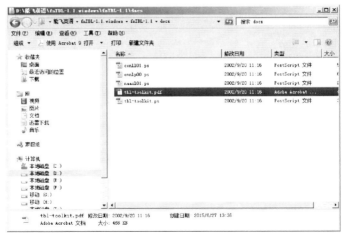

图 60　打开说明文件

Include 和 src 文件夹包括 TBL 运行的各种程序代码，对代码有兴趣的可以阅读。

Test-case 文件夹包括组块、词性标注等实际应用实例。如图 61 所示。

图 61　test-case 文件夹内容

Trained 文件提供了几种语言的组块识别、词性标注等的训练、测试实例。如图 62 所示。

图 62　trained 文件夹内容

与使用 fnTBL 工具包直接相关的文件夹是 bin 文件，打开 bin 文件，如图 63 所示。其中有两个文件 fnTBL.exe 和 fnTBL-train.exe，这两个可执行文件是我们后面需要操作的执行文件。

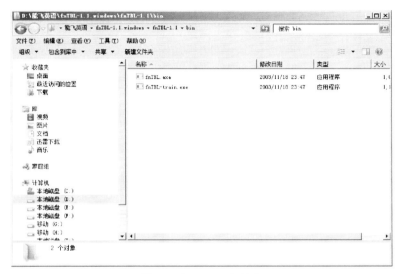

图 63　打开 bin 文件夹

6.2　制作运行 fnTBL 工具包的相关运行文件

1. 制作 parameter.txt 文件，文件内容如图 64 所示。

MAIN 参数设置文件默认路径，如 F:\fnTBL-1.1\bin;，这里的路径要根据自己存放工具包的地址更改。

FILE_TEMPLATE 参数设置为训练数据 TBLtrain.txt 中每一列的名称，本例设定为 file.templ 文件；

RULE_TEMPLATES 参数设置为转换规则模板，本例设定为 rule.tag.templ 文件。

LOG_FILE 为日志文件。

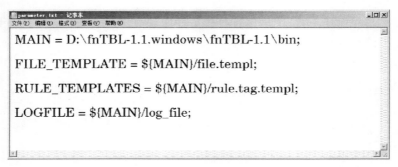

图 64   parameter.txt 文件内容

2. 制作训练数据文件。训练数据文件名称为 TBLtrain.txt，文件内容的格式如图 65 所示。

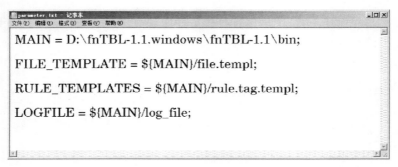

图 65   训练数据格式

打开文件后可以看到三列数据，第一列为藏语音节，第二列是实际标注标签，第三列参考字位标签，训练过程就是根据第二列和第三列之间的关系，获得一些规则。

3. 制作 file.templ 文件，内容如图 66 所示，这里的格式和内容根据不同任务有区别。本例是音节标注实例。

file.templ - 记事本
文件(F) 编辑(E) 格式(O) 查看(V) 帮助(H)
word tag => ttag

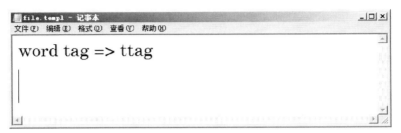

图 66 file.templ 文件内容

4. 制作 rule.tag.templ 文件，根据规则模板填写，其内容如图 67 所示。

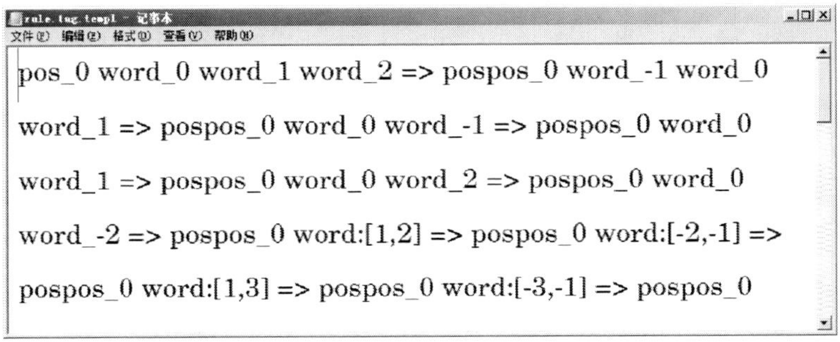

rule.tag.templ - 记事本
文件(F) 编辑(E) 格式(O) 查看(V) 帮助(H)
pos_0 word_0 word_1 word_2 => pospos_0 word_-1 word_0
word_1 => pospos_0 word_0 word_-1 => pospos_0 word_0
word_1 => pospos_0 word_0 word_2 => pospos_0 word_0
word_-2 => pospos_0 word:[1,2] => pospos_0 word:[-2,-1] =>
pospos_0 word:[1,3] => pospos_0 word:[-3,-1] => pospos_0

图 67 rule.tag.templ 文件内容

5. 制作测试文件，命名为 TBLtest，内容格式与训练文件一致。至此，所有需要的文件都已经准备完毕。

6.3 训练 fnTBL 模型

打开 fnTB 文件夹，打开 bin 文件夹，在地址栏单击鼠标左键，如图 68 所示。

图 68 打开 bin 文件

输入 cmd 后按回车键，会弹出一个命令框，如图 69 所示。

图 69 打开命名窗口

第三行表示当前文件的位置及名称，在提示命令的右边光标跳动处输入需要的命令。训练模型时输入命令为：fnTBL-train

TBLtrain.txt model.txt -F parameter.txt，然后按回车键，如图 70 所示。

图 70　开始训练模型

输入 y 键按回车键后，训练开始，可以看到数据变化情况，如图 71 所示。

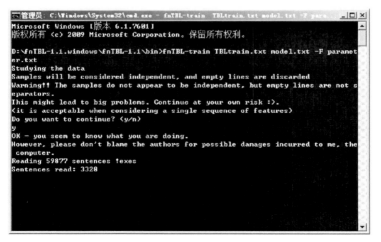

图 71　模型训练过程

训练结束后会生成一个名为 model.txt 的文件和 TBLtrain.txt.voc 文件。

6.4 测试

操作如第 6.3，测试命令为：fnTBL tblTest.txt model.txt–o outfile.txt–F parameter.txt。测试结束后生成 outfile.txt 文件，获得最终的结果。

附录 7

藏文拉丁转写表

ཀ	ཙ	ཏ	པ	ཚ	ཞ	ར	ཧ	ཨེ
k	c	t	p	ts	zh	r	h	e
ཁ	ཆ	ཐ	ཕ	ཚ	ཟ	ལ	ཨ	ཨོ
kh	ch	th	ph	tsh	z	l	a	o
ག	ཇ	ད	བ	ཛ	འ	ཤ	ཨི	
g	j	d	b	dz	v	sh	i	
ང	ཉ	ན	མ	ཡ	ཡ	ས	ཨུ	
ng	ny	n	m	w	y	s	u	

参 考 文 献

[1] 欧珠. 藏文编码字符集的优化研究[J]. 中文信息学报，2008，22（4）：119-122.

[2] 江荻，龙从军. 藏语字符研究，社会科学文献出版社，2010 年。

[3] JiangDi，Kang Caijun. The Methods of Lemmatization of Bound Case forms in Modern Tibetan[C]// 2003 IEEE International Conference on Natural Language Processing and Knowledge Engineering. IEEE Press，ISBN：0-7803-7902-0.

[4] 才智杰. 藏语自动分词系统中紧缩词的识别[J]. 中文信息学报：2009，23（1）.

[5] 巴桑杰布，羊毛卓玛，欧珠. 藏文分词系统中紧缩格识别和藏字复原的算法研究[J]. 西藏科技：2012，2：73-75，79.

[6] 康才畯，龙从军，江荻等. 基于词位的藏文黏写形式的切分[J]. 计算机工程与应用，2014，(11)：218-222. DOI：10.3778/j.issn.1002-8331.1302-0075.

[7] 国家技术监督局 1995 年《标点符号用法》.

[8] 俞士汶. 词的概率语法属性描述研究及其成果[M] 许嘉璐，傅永和. 中文信息处理现代汉语词汇研究. 广州：广东教育出版社，2006.

[9] 靳光瑾. 信息处理用现代汉语词类标记集规范的研制[M]许嘉璐，傅永和. 中文信息处理现代汉语词汇研究. 广州：广东教育出版社，2006：334.

[10] 丁俊苗. 面向中文信息处理的标点符号研究[J]. 江苏广播电视大学学报，2008. 6 Vo. 1 19.

[11] 斯洛. 常见古藏文的标点符号[J]. 青海民族学院学报，1985(3).

[12] 扎稚·洛桑普赤. 藏汉标点符号流变及异同比较[J]. 西藏研究，2004 (1).

[13] 王贵. 藏族人名研究，民族出版社，1991.

[14] 张保钢. 地名与地址之比较[J]. 北京测绘，2009 (1).

[15] 孙茂松，邹嘉彦. 汉语自动分词研究评述[J]. 当代语言学第 3 卷 2001(1): 22-32.

[16] 黄昌宁、赵海. 中文分词十年回顾[J]. 中文信息学报，第 21 卷第 3 期 8-19.

[17] 扎西次仁. 一个人机互助的藏文分词和词登录系统的设计 [M]//. 中国少数民族语言文字现代化文集，北京：民族出版社，1999.

[18] 陈玉忠，俞士汶. 藏文信息处理技术的研究现状与展望[J]. 中国藏学，2003 (4): 97-107.

[19] 江荻. 现代藏语组块分词的方法与过程[J]. 民族语文，2003 (4): 31-39.

[20] 陈玉忠，李保利，俞士汶等. 基于格助词和接续特征的藏文自动分词方案[J]. 语言文字应用，2003（1）：75-82.

[21] 陈玉忠，李保利，俞士汶. 藏文自动分词系统的设计与实现[J]. 中文信息学报，2003（3）：15-20.

[22] 刘汇丹等. SegT：一个实用的藏文分词系统[J]. 中文信息学报，2012（1）：97-103.

[23] 祁坤钰. 信息处理用藏文自动分词研究[J]. 西北民族大学学报（哲学社会科学版），2006（4）：92-97.

[24] 才智杰. 班智达藏文自动分词系统的设计[C]. 中国少数民族语言文字信息处理研究与进展—第十二届中国少数民族语言文字信息处理学术研讨会论文集，2009.

[25] 才智杰. 班智达藏文自动分词系统的设计与实现，青海师范大学民族师范学报[J]. 2010（2）：75-77.

[26] 史晓东，卢亚军. 央金藏文分词系统[J]. 中文信息学报，2011（4）：54-56.

[27] Tao Jing. Tibetan Word Segmentation System Based on Conditional Random Fields[J]. Software Engineering and Service Science（ICSESS）. 2011：446-448.

[28] Huidan Liu，Minghua Nuo，Longlong Ma，Jian Wu And Yeping He [J]. Tibetan Word Segmentation as Syllable Tagging Using Conditional Random Fields. In Proceedings of The 25th Pacific Asia Conference on Language，Information and Computation（PACLIC-2011）：168-177.

[29] 罗秉芬，江荻. 藏语计算机自动分词的基本规则[M]//. 李晋有，中国少数民族语言文字现代化文集，北京：民族出版社，1999：304-314.

[30] 关白. 浅谈藏文分词中的几个概念[J]. 西藏大学学报（自然科学版），2009（1）Vo. 24：65-69.

[31] 扎西加，珠杰. 面向信息处理的藏文分词规范研究[J]. 中文信息学报，2009（4）Vo23：113-123.

[32] 关白. 信息处理用藏文分词单位研究[J]. 中文信息学报，2010（3）Vo4：124-128.

[33] 卢亚军，罗广. 藏文词汇通用度统计研究[J]. 图书与情报，2006（3）：74-77.

[34] 江荻. 藏语文本信息处理的历程与进展[C]. 中文信息处理前沿进展——中国中文信息学会二十五周年学术会议论文集，2006：83-97.

[35] 高定国，关白. 回顾藏语信息处理技术的发展[J]. 西藏大学学报（社会科学版），2009，24（3）：18-27.

[36] 姚徐，郭淑妮等. 多级索引的藏语分词词典设计，计算机应用，2009（6）Vo29：178-180.

[37] 才智杰. 班智达藏语自动分词系统的设计与实现[J]. 青海师范

大学民族师范学院学报，2010. 21（2）：75-77.

[38] Yuan Sun，Zhijuan Wang，Xiaobing Zhao，Et Al. Design of a Tibetan Automatic Word Segmentation Scheme，Proceedings of 2009 1st IEEE International Conference on Information Engineering and Computer Science . 2009：228-237.

[39] 梁南元，刘源等. 制订《信息处理用现代汉语常用词词表》的原则与问题的讨论[J]. 中文信息学报，（3）Vo5.

[40] 刘源. 字词频统计与汉语分词规范[J]. 语文建设，1992（5）.

[41] 中华人民共和国国家标准[GB]. 信息处理用现代汉语分词规范（GB/13715-92）.

[42] 揭春雨. 正词法和分词规范[J]. 语文建设，1990（4）.

[43] 冯志伟. 确定切词单位的某些非语法因素[J]. 中文信息学报，2001（5）.

[44] 张怡荪主编. 藏汉大辞典[M]. 北京：民族出版社出版，1985.

[45] 陈玉忠，李保利，俞士汶，兰措吉. 基于格助词和接续特征的藏文自动分词方案[C]. 第一届学生计算语言学研讨会论文集，2002.

[46] 刘汇丹. 藏文分词及文本资源挖掘研究[D]. 中国科学院大学，2012.

[47] 卢亚军. 现代藏文词频词典[M]. 北京：民族出版社，2007.

[48] 孙茂松，左正平，黄昌宁. 汉语自动分词词典机制的实验研究，中文信息学报，第 14 卷第 1 期.

[49] www. sighan. org.

[50] 江荻，孔江平. 中国民族语言工程研究新进展[M]. 北京：社会科学文献出版社，2006.

[51] 才让加. 藏语语料库词语分类体系及标记集研究[J]中文信息学报，2009，23（04）：107-112.

[52] 陈玉忠. 信息处理用现代藏语词语的分类方案[C]//.第十届中国少数民族语言文字信息处理学术研讨会论文集,2005:24-29.

[53] 多拉、扎西加、欧珠等. 信息处理用藏文词类及标记集规范（征求意见稿）[C]//.第十一届中国少数民族语言文字信息处理学术研讨会论文集，2007：428-440.

[54] 扎西加，多拉大罗桑朗杰等.《信息处理用藏语词类及标记集规范》的理论说明[C]//.第十一届中国少数民族语言文字信息处理学术研讨会论文集，2007：441-452.

[55] 王联芬. 汉语和藏语数量词的对比[J]. 民族语文，1987，（01）：27-32.

[56] 周毛草. 藏语复合数词中的连接成分[J]. 民族语文，1998，（02）：53-58.

[57] 胡书津. 简明藏文文法[M]. 昆明：云南民族出版社，2000.

[58] 周季文. 藏文拼音教材（拉萨音)[M]. 北京：民族出版社，1983.

[59] The Unicode Consortium. The Unicode Standard 4.0 [S]. 2004.

[60] 国家技术监督局. GB 16959-1997 信息技术 信息交换用藏文编码字符集 基本集[S]. 北京：中国标准出版社，1998.

[61] Adam L Berger，Stephen A Della Pietra，Vincent J Della Pietra. A maximum entropy approach to natural language processing [J]. Computational linguistics. 1996，22（1）：39–71.

[62] 吴军. 数学之美，人民邮电出版社 2012. 5.

[63] Marc Finthammer , A Generalized Iterative Scaling Algorithm for Maximum Entropy Reasoning in Relational Probabilistic Conditional Logic Under Aggregation Semantics [GB]. http://www. fernuni-hagen.de/wbs/research/papers/res/Finthammer2012InfBericht363. pdf

[64] Berger A. The improved iterative scaling algorithm：A gentle introduction[J]. Unpublished manuscript，1997.

[65] Liu D C，Nocedal J. On the limited memory BFGS method for large scale optimization[J]. Mathematical programming. 1989，45（1-3）：503-528.

[66] 普布旦增，欧珠. 藏文分词中交集型歧义字串的切分方法研究[J]. 西藏大学学报，2010（5）：196-197.

[67] 孙媛等. 藏语交集型歧义字串切分方法研究[J]. 中国少数民族语言文字信息处理研究与发展，2010. 6.

[68] 羊毛卓玛，欧珠. 一种改进的藏文分词交集型歧义消解方法[J]. 西藏科技，2012（1）：66-68.

[69] http：//www. cs. jhu. edu/~rflorian/fntbl/download. noform. html.

[70] 张梅山，邓知龙，车万翔，刘挺. 统计与词典相结合的领域自适应中文分词[J]. 中文信息学报，2012，02：8-12.

[71] 刘群，张华平，俞鸿魁，程学旗. 基于层叠隐马尔可夫模型的汉语词法分析[J]. 计算机研究与发展，2004，41（8）：1421-1429.

[72] 白栓虎. 汉语词切分及词性自动标注一体化方法[J]. 中文信息，1996，2.

[73] 高山，张艳，徐波等. 基于三元统计模型的汉语分词及标注一体化研究[C]. 第六届全国计算语言学联合学术会议，太原，2001.

[74] Hwee Tou Ng and Jin Kiat Low. Chinese part-of-speech tagging：One-at-a-time or all-at-once? word-based or character-based [C]//. Proceedings of the Conference on Empirical Methods in Natural Language Processing，Barcelona. 2004：277-284.

[75] 佟晓筠，宋国龙，刘强等. 中文分词及词性标注一体化模型研究[J]. 计算机科学，Vol. 34 No. 9. 2007

[76] Jiang Wen-bin，Huang Liang，Liu Qun，and lü Yan-jun . A cascade linear model for joint Chinese word segmentation and part-of-speech tagging [C]. Proceeding of Association for Computational Linguistics，Columbus，Ohio，USA，2008：897-904.

[77] 褚颖娜，廖敏，宋继华. 一种基于统计的分词标注一体化方法[J]. 计算机系统应用，2009，12.

[78] 石民，李斌，陈小荷. 基于 CRF 的先秦汉语分词标注一体化

研究[J]. 中文信息学报，2010，2.

[79]　朱聪慧，赵铁军，郑德权. 基于无向图序列标注模型的中文分词词性标注一体化系统[J]. 电子与信息学报，Vol. 32 No. 3，2010.

[80]　于洪志，李亚超，汪昆等. 融合音节特征的最大熵藏文词性标注研究[J]. 中文信息学报，2013，27（5）：160-165. DOI：10. 3969/j. issn. 1003-0077. 2013. 05. 023.

[81]　华却才让，刘群，赵海兴等. 判别式藏语文本词性标注研究[J]. 中文信息学报，2014，28（2）：56-60. DOI：10. 3969/j. issn. 1003-0077. 2014. 02. 008.

[82]　康才畯. 藏语分词与词性标注研究[D]. 上海师范大学，2014.

[83]　张济川. 藏语词族研究-古代藏族如何丰富发展他们的词汇[M]. 北京：社会科学文献出版社，2009（207）.

后　记

　　2015 中文信息处理战略会议在贵阳召开。会上，中国科学院自动化研究所宗成庆研究员提出了几个问题，总结起来意思主要是说，现在大家都在谈各种理论，哪一个理论是中国人提出来的？谁来支持基础性研究工作，如分词、句法分析？听到这些论断，作者深有同感，在藏语语言信息处理中，这些问题更加突出。我从 2002 年开始学习藏语语言信息处理方面的知识，2005 年正式入职中国社科院民族所从事藏语语言处理研究，算起来也有十多年的时间了。从一开始处理藏语语料，构建藏语语料库和词典库，遇到的第一个问题就是藏文编码五花八门。从体系上分小字符，大字符集；大字符集中又包括方正、华光、同元、班智达等不同的编码集，各种编码互不兼容，资源不能共享成为严重的问题。输入法各有不同，键盘布局不统一，字处理困难重重。随着各种转码软件的诞生和国际 Unicode 标准的广泛使用，编码方面的问题逐渐解决，但是还存在一些后遗症，我们在书中第一章对这些问题做了阐述。

　　字处理完成之后，自动分词成为语言处理的基础工作。我国大部分有文字的汉藏语言，在书写时，词与词之间无显性标记，要利用计算机自动处理语言文本材料，就需要对文本分词，然后才能进行后续各种语言信息处理产品的研制。藏语自动分词研究起步相对较早，结果并不理想，真正可以实用的分词软件不多。但是近些年来为了紧跟汉语信息处理的步伐，藏语语言处理研究全面开花，涉及了句法、语义、检索、机器翻译，舆情监测、语音识别等。如果再谈分词、词性标注这些基本的研究问题不仅视为落后，也得不到资助。十多年前，我所在的研究室就开始了分词研究，那时候主要以词典匹配的规则分词为主，但是分词准确率怎么也不理想，达不到实用的目的；后来统计方法兴盛起来，可以通过训练文本获得分词模型研制分词系统，虽然我不擅长计算机程序，但是通过学习也熟悉了统计模型的工作原理，然后根据模型的需要来加工藏语文本，以滚动的方式完成了藏语文本训练语料库，并总结了各种分词的规范和原则。

藏语信息处理方面的著作也有一些，但是单独把分词写成专著的比较少。我们写作本书的目的是想细致描述分词中的各种问题，可以让不熟悉藏语的研究人员了解藏语分词的实际情况，以便把先进的计算技术移植到藏语信息处理中；也可以方便如我这样文科背景的学生了解、学习藏语信息处理的基础知识。但计算语言学是一门交叉学科，需要多学科的知识，对民族语言而已，还得熟悉民族语言；它是工程研究，需要数据和实验；而我本人又非母语人，藏语功底有限，写作中不免出现一些问题，恳请读者批评指正，我们都虚心接受，并不断改进。

本书写作是在中国科学院软件研究所基础软件研究中心吴健研究员领导的课题组支持下完成的，书中的实验由我和刘汇丹副研究员共同完成，记得当时一个分词标注一体化模型在服务器上训练了大约 35 天，我想没有这些条件是完不成的；汇丹编写了本书相关的大部分工具软件，加快了本书写作的进展，也参与部分章节的写作，为本书付出了不少精力。

我的硕士导师江荻研究员慷慨解囊，资助本书出版，我由衷感谢，是他带领我进入藏语计算语言学这个领域，并培养我不断成长。

在我学习和工作中，得到过许多人的帮助和支持，都铭记在我的心中，在此就不一一列举。

龙从军

2015 年 11 月